南京水利科学研究院出版基金资助出版

三汊河河口闸安全生产标准化实践运用指南

蔡 荨 杨建贵 吴 威
杨明强 王 璐 等编

中国矿业大学出版社
·徐州·

图书在版编目(C I P)数据

三汉河河口闸安全生产标准化实践运用指南/蔡荨等编. —徐州:中国矿业大学出版社,2022.8

ISBN 978-7-5646-5517-4

Ⅰ. ①三… Ⅱ. ①蔡… Ⅲ. ①水闸—安全生产—标准化—南京—指南 Ⅳ. ①TV66—65

中国版本图书馆 CIP 数据核字(2022)第 152491 号

书　　名　三汉河河口闸安全生产标准化实践运用指南

编　　者　蔡　荨　杨建贵　吴　威　杨明强　王　璐 等

责任编辑　齐　畅

出版发行　中国矿业大学出版社有限责任公司

（江苏省徐州市解放南路　邮编 221008）

营销热线　(0516)83885105　83884103

出版服务　(0516)83885309　83884920

网　　址　http://www.cumtp.com　**E-mail**:cumtpvip@cumtp.com

印　　刷　徐州中矿大印发科技有限公司

开　　本　787 mm×1092 mm　1/16　**印张** 10　**字数** 154 千字

版次印次　2022 年 8 月第 1 版　2022 年 8 月第 1 次印刷

定　　价　36.00 元

《三汊河河口闸安全生产标准化实践运用指南》编委会

目 录

第一章　南京市三汊河河口闸建设概况

第一节　工程由来

秦淮河是长江下游南岸的一条历史名河，有溧水河、句容河两源，干流长度约为 34 km，流域面积约为 2 631 km^2，流经两市九区县。秦淮河南京市区段分为两支：一支由东水关闸入城，在铁窗棂、西水关处汇入秦淮河，习惯上称为内秦淮河；另一支由七桥瓮进入南京主城区，经武定门节制闸至三汊河河口入长江，习惯上称为外秦淮河。此外，在江宁东山与长江之间于 1981 年建成一条长约为 17 km 的人工河道，即秦淮新河，该河经西善桥到金胜村入江，河口设节制闸和抽水站，即秦淮新河水利枢纽。秦淮河与六朝古都南京的历史和文化发展、经济发展密不可分，两岸一直是南京城比较繁华的区域。

2000 年以前，由于诸多原因，秦淮河河道淤积、河道断面不足，沿河跨线桥闸阻水严重，造成行洪能力不足，给城市防洪和秦淮河上游地区的防洪增加了不小的压力；秦淮河干流及上游河道水质有不同程度的污染，局部河段污染比较严重，沿河居民的生活环境相当恶劣，南京城市形象受到影响。

当时秦淮河的状况与南京的城市发展已不相适应，整治秦淮河、改善两岸人民的生活环境，刻不容缓。2002 年，江苏省发展和改革委员会批复《南京市外秦淮河整治工程可行性研究报告》，江苏省政府正式立项同意对运粮河口至三汊河河口 15.60 km 外秦淮河进行全面整治，即按照水资源、水景观、水文化、水生态“四位一体”的要求，高标准地建设一条美丽的、洁净的、流动的秦淮河。

外秦淮河三汊河河口闸作为秦淮河环境整治的一部分，建成后将解决枯水期河水水位低的问题，抬高上游水位，改善城市水环境和城市形象；汛期来临则开闸放水，不影响秦淮河行洪。同时，建成的水闸将与外秦淮河整体景观协调一致，并与外秦淮河河口左岸渡江胜利纪念馆、右岸滨江风光带一同形成独特的景观，为南京增色、添彩。

第二节　工程概况①

一、水文、气象

秦淮河流域多年平均降水量约为 1 038 mm，自北向南递增，全年降水日数为 110～130 天。最大年降水量为 2 015.5 mm(1991 年)，最小年降水量为448.0 mm(1978 年)，极值比达 4.50。汛期在 5—9 月，平均降水量约为652 mm，占年平均降水量的 63%。全年常有 3 个明显的多雨期，4 月至 5 月上旬的春雨时节；6 月下旬至 7 月上旬的梅雨季节；9 月常有台风影响，多秋雨。

秦淮河流域年平均蒸发量约为 1 021 mm，由北向南递增。6—9 月总蒸发量占年蒸发量的一半左右。年蒸发量略小于年降水量。蒸发量与降水量的对比表明，秦淮河流域处于湿润与干旱的过渡地区。

① 本书工程均指三汊河河口闸工程，为便于阅读，文中表述时简称为“河口闸工程”或“工程”。

秦淮河与长江相通，长江南京河段受海洋潮汐影响，河口闸下游水位也受潮汐影响。潮型为半日潮，每日两高两低，每月农历初三与农历十八为潮日，年内 6—9 月为高潮期。南京下关水位站记录显示，中华人民共和国成立以来最低潮位为 1.58 m(1956 年)，最高潮位为 10.39 m(2020 年)。

二、工程地质

闸址场地属长江河床漫滩，原始地面标高 5.00～6.00 m(吴淞高程，下同)，地形起伏不大，比较平坦。钻探深度内场地地层主要为第四系松散堆积层，其下为风化砂岩。勘察范围内地基土层分为 5 层 13 个亚层[①]，岩性特征如下。

① 素填土：灰黄～灰色。湿～饱和。软塑～可塑。以粉质黏土为主，含少量碎砖、碎石。层厚为 0.80～9.00 m(设计书为 1.60～9.00 m，下同)。水平渗透系数为 54.14×10^{-6} cm/s，竖向渗透系数为 31.39×10^{-6} cm/s。素填土现主要分布在两侧堤防回填土下。

② 淤泥质粉质黏土：普遍分布。灰色。饱和。流塑。局部相变为粉质黏土。大孔隙比。高压缩性。含有机质及贝壳碎片，层理发育，夹薄层粉砂、粉土。厚度大，层位稳定。层厚为 1.70～45.00 m(1.70～36.40 m)。水平渗透系数为 8.40×10^{-6} cm/s，竖向渗透系数为 7.34×10^{-6} cm/s；标贯击数为 4.70 击/30 cm，重型动探 $N_{63.5}$ 为 3.20 击/10 cm。

$②_1$ 粉质黏土：呈透镜状或夹层状分布于②淤泥质粉质黏土层中。灰色。饱和。软塑～流塑。局部夹薄层粉土。层厚为 2.00～12.00 m(2.00～5.50 m)，顶板埋深为 1.25～36.00 m(1.70～23.00 m)。

③ 粉质黏土：灰黄色，局部灰色。饱和。可塑，局部软塑。层厚为 2.00～22.50 m(4.20～16.20 m)，顶板埋深为 25.50～57.50 m(41.00～53.00 m)。标贯击数为 32.80 击/30 cm。

$③_1$ 淤泥质粉质黏土：灰色。饱和。流塑。夹薄层粉土、粉砂。层厚为

---

① 地基土层编号与秦淮河综合整治工程地质勘察总报告地基土层编号保持一致，因此地基土层编号不连续。

2.50～9.00 m(4.00～4.55 m)，顶板埋深为 34.50～43.95 m(35.00～43.95 m)。

③$_2$粉土:灰色。饱和。稍密～中密。夹薄层状粉砂、黏性土，局部黏性土夹层厚度较大。局部未揭穿。可见厚度为 1.00～31.20 m，顶板埋深为 23.80～53.00 m(27.00～48.50 m)。标贯击数为 41.30 击/30 cm，重型动探 $N_{63.5}$为9.50 击/10 cm。

③$_3$粉砂:青灰色。饱和。中密。夹黏性土薄层，含云母碎片。层厚为 0.90～15.00 m(6.20～15.00 m)，顶板埋深为 42.50～60.50 m。标贯击数为 27.20 击/30 cm，重型动探 $N_{63.5}$ 为 14.12 击/10 cm。

⑥ 粉质黏土:灰黄色～灰色。饱和。可塑～软塑。层厚为 2.20 m。

⑥$_1$ 粉土:黄褐色，局部灰黄色，饱和。稍密～中密。含有灰白色黏土条带，层厚为 1.20 m，顶板埋深为 67.80 m。

⑥$_2$细砂、中砂～砾石:灰色。以石英砂岩质粗砂、砾石为主。局部呈薄层状，层厚为 0.80～6.30 m，顶板埋深为 66.40～71.50 m。

⑨$_1$强风化泥岩、砂岩:层厚为 0.50～1.50 m。

⑨$_2$中风化泥岩、砂岩:顶板埋深为 68.30～76.00 m。

各层主要力学指标见表 1-1(水闸资料摘取)。

表 1-1　各层主要力学指标

	土　层	位置	重力密度 γ /(kN/m^3)	天然含水量 W/%	天然孔隙比 e	黏聚力 C_q/kPa (快剪)	内摩擦角 φ/(°) (快剪)
①	素填土	地面～−9.00 m	18.60	30.70	0.895	12.60	3.90
②	淤泥质粉质黏土	−11.00～−54.00 m	17.90	37.20	1.078	11.20	7.40
②$_1$	粉质黏土	−3.20～−46.00 m	17.90	35.80	1.062	16.10	7.30
③	粉质黏土	−30.20～−69.20 m	18.00	32.20	0.982	14.10	7.60
③$_1$	淤泥质粉质黏土	−38.80～−48.50 m	17.40	36.10	1.092	8.70	7.40

表 1-1(续)

	土　层	位置	重力密度 γ /(kN/m³)	天然含水量 W/%	天然孔隙比 e	黏聚力 C_q/kPa (快剪)	内摩擦角 φ/(°) (快剪)
③₂	粉土	－34.50～－66.40 m	18.00	31.20	0.964	9.10	16.60
③₃	粉砂	－45.10～－71.50 m	18.10	31.00	0.948	7.20	17.10
⑥	粉质黏土	－71.50 m	19.20	30.50	0.835	17.00	5.30
⑥₁	粉土	－69.00 m					
⑥₂	中砂～砾砂	－51.80～－73.00 m					
⑨₁	强风化砂岩	－67.50～－76.00 m					
⑨₂	中风化砂岩	－70.00 m 以下	23.30	3.80			

闸址场地土类型为中软场地土，覆盖层厚度为 15.00～80.00 m，建筑场地类别为Ⅲ类；场地抗震设防烈度 7 度，基本地震加速度值为 0.10g，抗震地段类别属不利地段。场地浅部主要为软弱土，厚度大，强度低，高灵敏性，属地质条件较差的场地。

地基处理：地基采用钻孔灌注桩和深层搅拌桩处理。闸室底板下共布置 192 根钢筋混凝土灌注桩，桩长为 54.00 m，桩距为 3.00 m，桩径为 1.00 m。上下游翼墙基础为灌注桩加混凝土搅拌桩，翼墙边坡采用三维空间梁格支撑结构。

三、工程总体布置

(一) 闸室布置

闸室布置在河道中心线上，纵向轴线平行于水流方向。闸室采用钢筋混凝土坞式结构，顺水流方向长为 37.00 m；垂直水流方向总宽度为 97.00 m，分为两块，在中墩处分缝，单块净宽为 48.50 m。闸底板顶面高程为 1.00 m，闸墩顶高程为 7.50～8.00 m，闸门两侧拱脚插入闸墩 3.00 m。

闸门采用卷扬机启闭，启闭机房布置在闸墩上所设的圆弧形启闭排架顶部。启闭机房地面高程为 20.00 m，启闭机房顺水流方向长为 7.80 m，垂直水流方向宽为 7.06 m，净高为 4.00 m。通过设在闸墩上的螺旋楼梯可到达启闭机房。

（二）内外河渐变段布置

为保证内外河渐变段与上下游河道的平顺衔接，在渐变段土堤堤脚处设翼墙。翼墙顶高程随着挡土高程渐变，在与闸室相交处，翼墙顶高程为 7.50 m，上游向秦淮河侧渐降至高程 1.00 m，下游左岸翼墙顶高程向长江侧渐降至高程 0.00 m。下游右岸因岸坡逐渐远离河道轴线，翼墙布置时一方面利用地势，另一方面结合景观平台设置，取相同的顶高程（7.50 m），由闸室边墩开始，逐步进入岸坡。

因本工程有较高的景观要求，河道断面设计时应结合景观建设，上、下游河道均设平台及缓坡，既有利于景观布置，又有利于边坡稳定。第一级平台高程为 5.00 m，第二级平台高程为 7.50 m。闸上河底高程为 1.00 m，闸下河底高程为 0.00 m。岸坡由河底以 1∶3 的坡度至高程 5.00 m，设宽为 1.0 m 的平台；接着以 1∶3 的坡度至高程 7.50 m，设宽为 8.00 m 的亲水平台；而后以缓坡至高程 10.00 m，设宽为 3.00 m 的马道；随后以 1∶3 的坡度至防洪高程12.60 m，并设宽为 6.00 m 的防汛景观通道。

为保证上下游河床不受冲刷，在闸底板下游 80.00 m、上游 50.00 m 长的河道范围内，高程 5.00 m 以下的边坡采用浆砌块石护坡，下设碎石垫层、土工反滤布；高程 5.00 m 以上的边坡根据景观要求采用生态草皮护坡。

上下游两岸翼墙根据实际挡土高度和地质情况，分别采用扶壁式和悬臂式等结构形式。具体布置如图 1-1、图 1-2 所示。

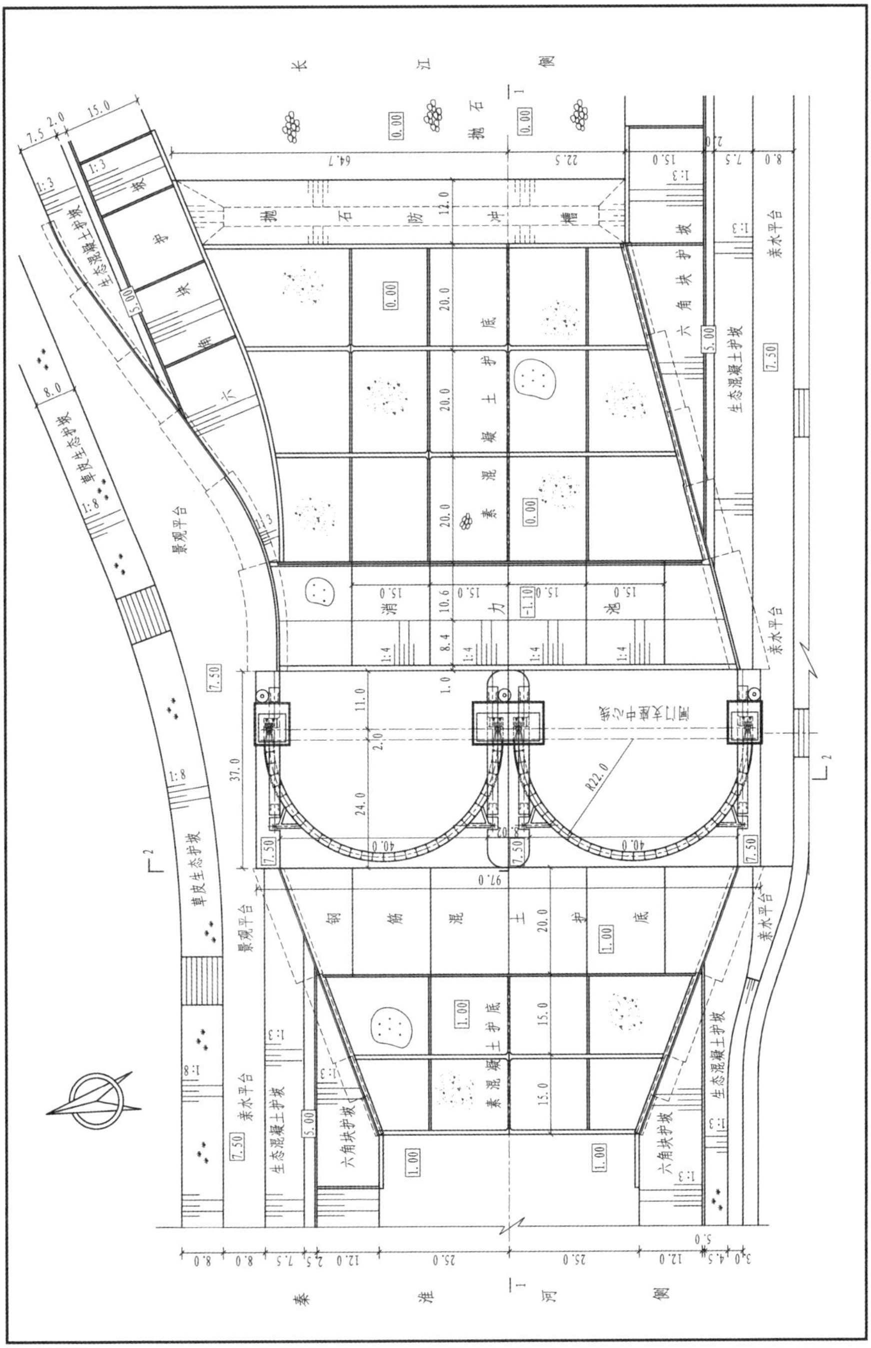

图1-1　三汊河口闸平面布置图(单位：m)

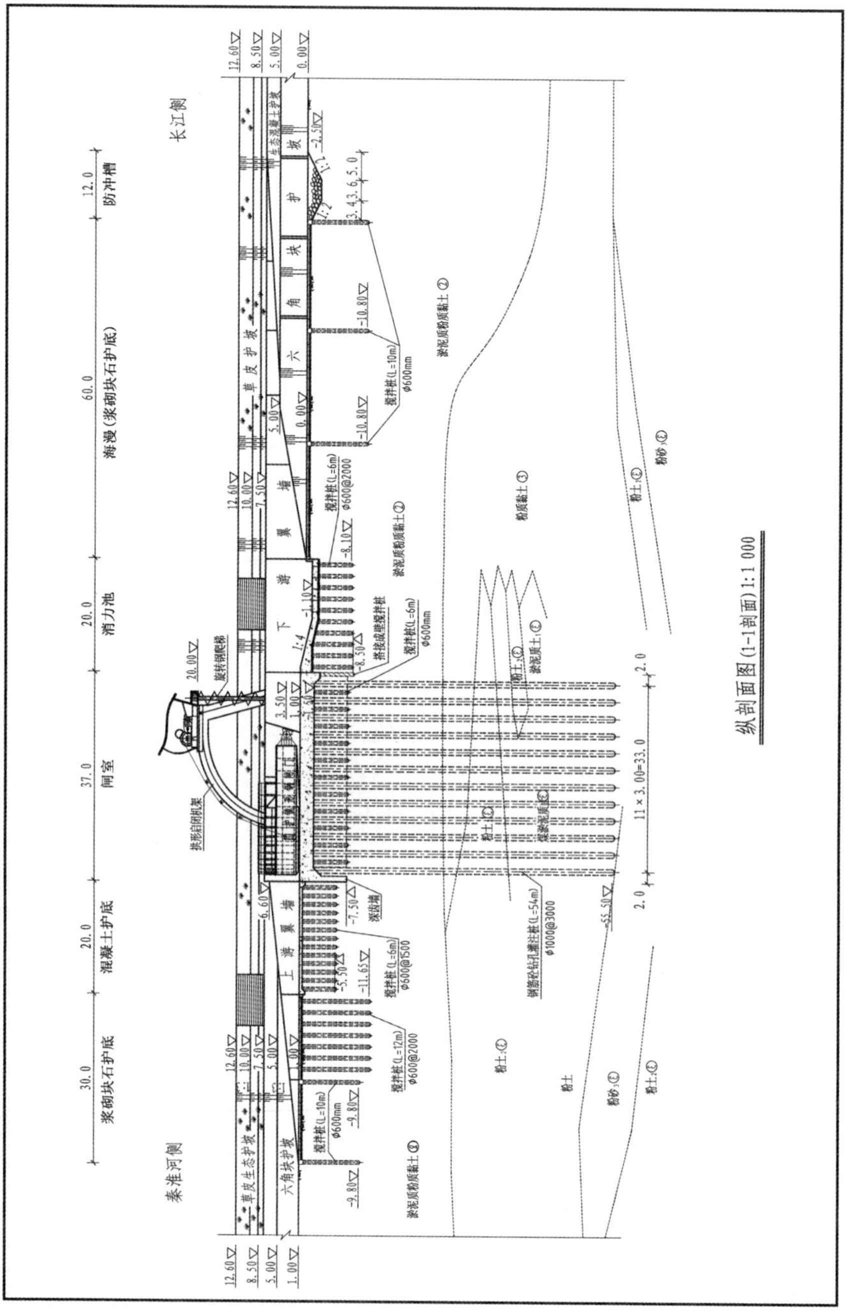

图1-2 三汊河河口闸纵剖面图（单位：m）

第三节 工程设计

一、等级标准

外秦淮河防洪标准为百年一遇，防洪工程为Ⅰ等1级。三汊河河口闸的主要功能是关闸蓄水，提升枯水期秦淮河水位，不具有防洪及航运功能，确定工程等别为Ⅱ等；主要建筑物按2级建筑物设计，次要建筑物按3级建筑物设计，临时工程按4级建筑物设计。抗震设防烈度为Ⅶ度。

二、特征水位及水位组合

（一）特征水位

闸上（秦淮河侧）控制水位：最高蓄水位为7.00 m，正常蓄水位为6.50 m，最低蓄水位为5.50 m。

闸下（长江侧）特征水位见表1-2。

表1-2 闸下(长江侧)特征水位表

名称	水位值/m
百年一遇低潮位	1.50
五十年一遇低潮位	1.58
历史最低潮位	1.54
五十年一遇最低旬平均潮位	2.10
最低月平均潮位	2.77
枯水期各月平均低潮位	3.50

（二）水位组合

工程主要水位组合见表1-3。

表 1-3　工程主要水位组合

	工况		秦淮河/m	长江/m	备注
闸室整体稳定	基本组合	设计工况	6.50	2.10	五十年一遇最低旬平均潮位
	特殊组合(Ⅰ)	校核工况 1	6.00	1.50	百年一遇最低潮位
		校核工况 2	7.00	2.77	最低月平均潮位
		校核工况 3	5.50	2.77	最低月平均潮位(换水工况)
	特殊组合(Ⅱ)	校核工况 4	6.50	3.50	地震工况
消能计算水位	设计工况 1		6.50	2.10	门顶过流,流量 Q=30 m^3/s
	校核工况 1		6.50	1.50	正常运用(门顶过流),流量 Q=30 m^3/s
	校核工况 2		7.00	2.77	正常运用(门顶过流),流量 Q=80 m^3/s
	校核工况 3		7.00	6.50	开闸行洪(流量 600 m^3/s,河口水位 9.69 m)
	校核工况 4		5.50	2.77	闸门冲淤或放空换水
边坡稳定	闸下	完建工况	0.00	6.50	正常运用条件
		运行工况	1.58	7.00	正常运用条件
		地震工况	3.50	7.00	非正常运用条件
	闸上	完建工况	1.00	6.50	正常运用条件
		运行工况	5.50	7.00	正常运用条件
		地震工况	5.50	7.00	非正常运用条件

三、地基处理及闸基防渗

闸底板地基处理采用钻孔灌注桩直桩加深齿槽方案。具体布置为:闸墩底板下布置钻孔灌注桩,单块底板下布置 96 根桩径为 1.00 m、桩长为 54.00 m 的直桩。对未布置钻孔灌注桩的底板地基布置深为 6.00 m 的混凝土搅拌桩。在闸底板边缘下游侧和两边墩下部布置相互搭接 0.20 m 的封闭式混凝土搅拌桩,混凝土搅拌桩的桩径为 0.60 m,深度为 6.00 m。在底板上游侧下部设置钢筋混凝土深齿墙阻滑,齿墙深度为 6.00 m,厚度为

1.00 m。

闸室基础采用钢筋混凝土钻孔灌注桩处理，属于刚性桩，为防止闸底板与地基土脱开而产生接触渗流，在闸底板的上游侧设置深齿墙，结合闸室底板的混凝土搅拌桩处理，在闸底板的下游侧和左右岸边墩侧布置搭接成壁的混凝土搅拌桩，以形成围封式的防渗幕墙。同时，在闸底板与下游消力池、上游护坡以及边墩上下游侧与高翼墙之间的结构缝采用橡胶止水带和紫铜片进行两层止水，确保渗透稳定。

四、消能防冲

三汊河河口闸为单向挡水，水流只能从秦淮河侧流向长江侧。水闸蓄水时，闸门平放于闸底板上，水从门顶溢流形成瀑布，内外水位差较大(闸上高程为 6.50～2.50 m)。为防止对下游河床的冲刷，外河消力池长度取 20.00 m，深度为 1.10 m；海漫段长度取 60.00 m，防冲槽深度为 2.50 m，宽度为 12.00 m。内河护底长为 60.00 m，其中 20.00 m 为混凝土护底，其余 40.00 m 为浆砌块石护底。消力池采用 C30 钢筋混凝土结构。消力池与闸室之间设置止水。消力池底板厚度为 1.00 m，池底高程为－2.10 m。海漫段采用浆砌块石护底。护底下设碎石、粗砂、土工布反滤层，并间隔 2.00 m 设置排水孔。为增强块石护底的稳定性，纵横向布置 C20 素混凝土格埂。防冲槽为梯形抛石结构。

五、闸门设计

(一) 闸门总体布置

三汊河河口闸采用双孔护镜门，由 2 孔单孔净宽为 40.00 m 挡水闸组成，相应的金属结构设备包括护镜门 2 扇、操作护镜门的盘香式启闭机 2 套、调节水位的活动小门 12 扇及相应的液压启闭机 12 台。

单扇护镜门为半圆拱形结构，闸门底坎高程为 1.00 m，闸门高为 6.50 m。闸门拱内圆半径为 21.20 m，拱外圆半径为 22.80 m。圆拱两端通过可绕水平轴转动的支铰支承在两侧闸墩上，支铰中心的安装高程为

3.50 m。闸门圆弧凸向秦淮河侧，在挡水时为受压拱。护镜门为双吊点，两吊点间的距离为 42.00 m，启闭机钢丝绳通过布置在拱形排架上的导向卷筒与闸门吊点相连。护镜门的操作设备采用 2×1 500 kN 盘香式启闭机，每扇闸门有 2 个吊点，分别布置在闸门的两侧，双吊点的 2 台启闭机布置在闸门两侧闸墩上的拱形启闭机排架上。闸门 2 个吊点之间的同步是通过 2 个启闭机的同步来实现和保证的。每台启闭机引出 6 根钢丝绳，钢丝绳通过布置在拱形排架上的 4 个导向卷筒与闸门门体悬臂吊梁铰接。

为了满足护镜门在关闸挡水时间上水位(秦淮河侧)能够在高程 5.50～7.00 m 之间调节的要求，护镜门的顶部设有可垂直升降的活动小门叶，保证了整个护镜门的高度可在高程 5.50～6.65 m 范围内调节。每扇护镜门设活动小门 6 扇，每个活动小门宽约为 7.10 m、高约为 1.15 m (挡水高度)。活动小门采用液压启闭机操作，每个活动小门均为双吊点布置，两吊点间的距离为 3.54 m，操作设备采用 2×200 kN 倒挂式液压启闭机。

护镜门门顶设置人行通道，在闸门挡水状态时可以投入使用，可沟通两岸交通，当作工作便桥使用，通道桥面的高程为 7.50 m。

护镜门在水平状态时挡水或门顶过流形成瀑布景观，可通过闸门上的活动门叶升降来调节秦淮河的水位。需要开启闸门时，盘香式启闭机通过钢丝绳拉动闸门吊点，使闸门以铰轴为圆心向上转动，到达 60°时停止并锁定，河道行洪过流。同时，在闸门门体、闸墙顶部、圆拱形排架、启闭机房布置景观照明灯具，使闸门在晚间形成绚丽壮观的景色，成为一个具有独特色彩的标志性建筑。

(二) 闸门结构设计

护镜门设计水头为 4.23 m，在闸门全开状态即闸门处于 60°全开位置时，考虑两种工况，一是闸门结构可承受任意方向上的 10 级大风，二是闸门结构可承受地震震动峰值加速度为 0.10g 引起的作用力。

护镜门为圆拱形结构，沿门高设 2 根主梁，2 根主梁构成箱形梁，以增加闸门的整体刚度。箱形梁为密闭的空箱。箱形梁的采用使得护镜门在增加结构刚度的同时，又可以充当浮箱的作用，以减小护镜门操作时的启门力。

箱形梁腹板的厚度为 12.00 mm，翼缘的厚度为 16.00 mm。下主梁与护镜门底部的间距为 1.00 m，上、下主梁的间距为 2.16 m，主梁的梁高为 1.60 m，闸门面板设在秦淮河侧，面板厚度为 16.00 mm，上主梁以上主梁翼缘及护镜门面板之间形成的空腔为活动小门的闸室，活动小门门叶在闸室内可以上下升降，使闸门的挡水高度在 5.50～6.65 m 高程之间可调。闸门门体上部设人行通道，人行通道的支撑圆立柱兼作活动小门门叶的支撑导向柱，方立柱作活动小门的支撑门墩。闸门两侧设悬臂吊梁，作为护镜门的启闭吊点，吊点的回转半径为 18.10 m。

护镜门上的门顶活动小门同样为圆拱形，在圆心角为 120°的圆弧长度方向上分成 6 节，形成 6 扇活动小门，每扇活动小门均可单独操作。活动小门的荷载通过沿圆周布置在大门体上的支撑滑块和导向柱传递到大闸门门体，安装在大门两支撑方立柱上的侧支撑滑块兼作活动小门的侧止水。活动门叶的顶部设计成流线型的导流板，以利于挑流形成瀑布。为避免在换水、冲淤工况下，护镜门局部开启时，水流在闸门底缘处产生负压，护镜门的底缘在秦淮河侧(上游侧)的倾角布置大于 45°，随着闸门的开启，该角度逐渐增大。长江侧(下游侧)的倾角布置大于 40°。

（三）闸门三铰拱结构

护镜门跨中部位的铰接形式采用了柔性铰的结构，其抗拉、抗压、抗剪能力满足要求，而截面尺寸大大小于闸门其他部位的截面尺寸，从而使得该部位抗弯能力较弱。采用该结构，闸门的制造较简单，不存在安装问题，也不需要进行维护，闸门的外观比较整齐美观。

（四）闸门支铰

护镜门的主支撑采用球形支铰，支铰轴承采用关节轴承，不仅可以传递一定的轴向荷载，而且可以消除护镜门制造、安装的误差以及适应护镜门因受力和温度变化而产生的闸门变形。

支铰结构的设计主要考虑保护关节轴承免于泥沙的进入。选择的双金属自润滑关节轴承具备较高的防腐能力，即对有污染的河水有抗腐能力，其滑动表面为烧结铜层并均匀含有固体润滑剂，同时再增设外层密封，防止水和泥沙的进入，防止润滑介质的流失，确保关节轴承安全工作。支铰结构的设计除具有防泥沙的功能以外，还有自动补偿磨损的功能及适应关节轴承微摆动的功能。

（五）闸门止水

护镜门设底、侧止水。侧止水布置于圆弧拱的直径方向，其有效挡水宽度约为 45.60 m。侧止水采用插拔式，由两种 V 形水封组合而成。在护镜门闸墩的侧墙上预留有燕尾形插槽，安装时将侧水封组件直接插入即可。同时，根据水封的磨损情况，只需将整个侧水封组件从插槽中拔出进行维修。不锈钢封水座面布置在闸门上。考虑到整个护镜门沿弧线的长度较大，为保证护镜门在关闭状态下底水封与底槛的良好接触，底止水采用弹性更佳的材质，并根据底水封的布置设计新型的水封断面，即 U 形断面，并且在圆弧侧留有空腔，以进一步增强底水封的适应性。

在护镜门门体上设置活动小门的底止水，布置在下游侧（长江侧）。安装在大闸门两支撑方立柱上的活动小门侧支承滑块兼作活动小门的侧止水，底、侧止水形成活动小门的 U 形闸门止水。

六、启闭设备

（一）护镜门启闭机

护镜门的启闭设备采用 2×1 500 kN 盘香式启闭机，每扇闸门有两个吊点，分别布置在闸门的两侧，两吊点的两台启闭机布置在闸门两侧闸墩上的拱形启闭机排架上。每台启闭机引出 6 根钢丝绳，钢丝绳通过布置在拱形排架上的 4 个导向卷筒后与闸门门体悬臂吊梁铰接。

护镜门在全开位置时，通过启闭机的锁定装置锁定闸门。由于直接锁定闸门比较困难，也影响排架的美观，故锁定装置设在启闭机上，通过锁定启闭机的大齿轮来锁定闸门。锁定装置设防误操作行程保护开关。启闭机的另一安全保护装置为过负荷保护装置，安装在拱形排架上的导向卷筒下。

（二）护镜门启闭机的同步

当两吊点启闭机钢丝绳启闭同步时，启闭机出绳点到闸门吊点间的行程差是由拱形排架上导向卷筒的安装精度来保证的，其差值是一固定值，闸门全行程的不同步值就是这一固定值。启闭机的同步基本保证了闸门吊点的同步。因此，闸门两吊点之间的同步是通过两个启闭机的同步来保证的。

启闭机的同步采用电气变频同步系统，以保证启闭机转速的同步，即通过安装在电动机上的测速仪，检测电机的转速，当两个启闭机的电机转速差超过设定值时，可编程逻辑控制器（PLC）控制变频器，使变频器变频改变电动机的频率，达到纠偏同步的目的，从而使启闭机的转速保持同步。

为了保证电动机上的测速仪安全可靠地正常工作，还安装了一套保护旋转编码器，若转速差超过设定值而同步系统没有进行纠偏，则系统停机并发出报警信号。

（三）活动小门启闭机

护镜门门顶活动小门的启闭设备采用 2×200 kN 液压启闭机，每扇小门布置两只油缸，两孔护镜门 12 扇小门共布置 24 只油缸。

考虑到检修和门体的结构和空间，油缸的布置采用倒挂式，缸体安装在活动小门上，活塞杆吊头铰接在门顶交通桥的梁系上。一扇活动小门配置一机一站，相邻两个液压泵站可互为备用。液压泵站布置在对应的活动液压启闭机小门上部的交通桥梁系上。

工程主要技术指标见表 1-4。

表 1-4　工程主要技术指标

河系	秦淮河	所在地	鼓楼区 三汊河口	主要作用	维持景观水位
开工日期	2004 年 8 月	竣工日期	2006 年 5 月 21 日	工程造价	1.5 亿元
闸室总长	97.00 m	单孔闸净宽	40.00 m	闸孔数	2
闸孔净高	6.50 m	闸墩顶高程	7.50 m	闸底高程	1.00 m

表 1-4(续)

大闸门	孔口宽度	40.00 m	支撑方式	自润滑 关节轴承	孔口数量	2 孔
	孔口高度	6.50 m	支撑跨度	44.00 m	闸门数量	2 扇
	设计水位	6.50/1.58 m	曲率半径	22.00 m	闸门自重	270 t
	闸门类型	护镜门	底坎高程	1.00 m	操作设备	盘香式卷扬 启闭机
小闸门	孔口宽度	7.50 m	支承方式	滑道 (华龙材料)	孔口数量	12 孔
	孔口高度	1.15 m	支承跨度	7.50 m	闸门自重	8 t
	设计水位	1.50 m	曲率半径	22.00 m	操作设备	倒挂式 液压启闭机
	闸门类型	拱形滑动 闸门	闸门数量	12 扇		
大门启闭机	启闭容量	2×1 500 kN	吊点数量	双吊点	启闭机台数	2 台
	启闭速度	0.60～0.78 m/min	吊点间距	42.00 m	电源种类	380 V、50 Hz
	启闭扬程	17.50 m	操作设备	盘香式卷扬 启闭机		
小门启闭机	启门容量	2×200 kN	吊点数量	双吊点	启闭速度	0.2 m/min
	闭门容量	2×50 kN	吊点间距	3.54 m	泵站数量	12 座
	工作行程	1.15 m	操作设备	倒挂液压式 启闭机	油缸数量	24 只
	最大行程	1.30 m	启闭机台数	12 台	电源种类	380 V、50 Hz
建筑物等级		Ⅱ等 2 级	抗震设防烈度	Ⅶ度	水准基面	吴淞

七、建筑、景观设计

工程闸址位于江苏省南京市外秦淮河长江入口处，水资源丰富，地理位置优越，其北岸为南京世茂滨江风光带，南岸为南京渡江胜利纪念馆。在此处建设水闸，是历史与现代的融合，不仅具有城市防洪、排涝、调水等综合功能，给秦淮河流域的百姓带来巨大的利益；而且建筑设计配合秦淮河三汊河河口闸的护镜门方案，采用先进的技术及材料，使其具有独特造型和较强的观赏性。由于地理位置的特殊性，三汊河河口闸也是南京的一个标志性建筑，为城市增加新的风采；也充分展现了南京的发展水平和城市风貌，发掘了南京的历史与渊源，将近年来南京富有成效的经济发展和日新月异的城市建设充分展示给世人。

（一）设计原则

（1）“领先性”原则，体现新的设计理念。

（2）“以人为本”原则，体现人居环境和生态要求，建造满足景观、功能、安全要求的工程。

（3）“尊重自然”原则，做到与自然环境、周边建筑和谐、协调。

（4）与当地的历史和文化相容的原则。

（二）设计特色

（1）水闸建筑物造型以圆形为基调，线条流畅，优美。

（2）护镜门结构新颖，关闸时溢流形成瀑布，开闸时似彩虹、似飞龙。

（3）启闭机房采用抽象化的“龙头”结构，寓意龙的腾飞、龙的气魄、龙的精神，与秦淮河又名“龙藏浦”相辅相成。

（4）秦淮河自古因“秦淮灯火甲天下”的景象而闻名于世。水闸设计时对闸门、排架、启闭机房等全面进行灯光美化照明，并首次将舞台灯光照明技术引入水利工程，使水闸形成动感、极富想象力的照明景观。

（5）水闸北岸为南京世茂滨江风光带，南岸为南京渡江胜利纪念馆及市民文化广场，三汊河河口闸成为市民活动、休闲的滨江特色场所。景观设计突出亲水、休闲、舒适的原则，营造人与自然和谐共处的优美环境。三汊河河口闸采用宏伟的护镜门、优美的“竖琴”排架、富有想象的启闭机房，配上动感、绚丽多彩的灯光照明，与自然、和谐、生态的两岸景观相映生辉，使人赏心悦目，是水利工程与历史文化、景观、环境的有机结合。图 1-3 为三汊河河口闸景观图。

图 1-3　三汊河河口闸景观图

第四节　工 程 施 工

一、主要施工过程

根据江苏省发展改革委、江苏省水利厅关于“三汊河河口闸工程初步设计”批复要求，河口闸工程应于 2004 年 5 月进场准备、8 月开工建设。工期由 2003 年和 2004 年两个枯水季节压缩为 2004 年 8 月至 2005 年 5 月底。但各方协调及搬迁等问题，直接影响河口闸工程施工。经南京市政府 10 多次专题会协调，2004 年 9 月 21 日，基本解决影响河口闸水上施工的码头、渔民等问题；12 月 19 日，影响河口闸左岸底板与闸墩施工的水上派出所搬迁完成。此时，已过开工日期 100 余天，离合同完工日期仅剩 170 余天，河口闸工程才具备全面施工的基本条件。

三汊河河口闸工程是“建设新南京、迎接十运会”的重点市政工程之一，是外秦淮河环境综合整治中的重要工程，省、市各级领导多次亲临施工现场视察、指导工作，并提出要求：河口闸工程是南京外秦淮河整治工程的最关键工程，要高度认识三汊河河口闸工程建设的重要意义，在确保工程质量和安全的前提下，不惜代价加快施工进度。参建各方要精诚合作、齐心协力，尽一切努力、想一切办法，完成河口闸工程建设任务；河口闸属新型闸，国内首创，融防洪、景观功能于一体，是展示南京水利与城建形象的综合工程，要在建好主体工程的同时，做好周边景观生态工程，还南京市民一条美丽的秦淮河。图 1-4 为三汊河河口闸工程建设现场施工图。

图 1-4　三汊河河口闸工程建设现场施工图

河口闸工程技术新、施工难度大、要求高，为进一步加快施工进度，倒排工期，确定了控制工程进度的 4 个节点：

(1) 2005 年 3 月 15 日前完成闸室底板混凝土浇筑；

(2) 2005 年 4 月 15 日前完成闸墩混凝土浇筑；

(3) 2005 年 5 月 15 日前完成排架混凝土浇筑；

(4) 2005 年 6 月 15 日完成闸门安装并吊起。

图 1-5 为三汊河河口闸混凝土浇筑现场图。

图 1-5 三汊河河口闸混凝土浇筑现场图

为实现节点目标，主要采取以下超常规施工保障措施：

(1) 通过技术创新，在确保施工质量、安全的前提下，优化调整施工方案，缩短工期。一是通过"四掺"(高效减水剂、粉煤灰、膨胀剂、聚丙烯腈纤维)一次浇筑底板和闸墩；二是提高排架混凝土标号(由 C40 提高到 C50)，从而缩短等强时间；三是把下游浆砌石海漫改为现浇混凝土海漫；四是金属结构和机电设备在安装前进行预拼装和调试，以缩短现场安装调试时间。

(2) 加大人力、物力的投入，特别是增加熟练的施工人员、增加施工设备，实现满员、满负荷、高强度 24 小时不间断施工。

(3) 强化激励机制。对施工单位实行工期节点提前奖励，以最大限度调动全体施工人员的积极性。

(4) 加强现场协调。在优先保证闸主体按时在汛前完工的前提下，保障交叉施工的土建与金属结构安装、闸主体与堤防的施工互不干扰，全面推进。

(5) 做好导流工作。采用上游分流、区间抽排等综合措施，在确保流域防汛和南京城市防洪安全的前提下，推迟拆坝时间，延长施工期。

通过上述各项措施的落实，最终实现了 2005 年 6 月 9 日水下工程验收、

“十运会”前工程试运行的目标。

二、土建施工

(1) 三汊河河口闸施工围堰是施工中第一难点，工程地基土质条件差，软土深达 40 余米，围堰采用钢板桩充填袋围堰技术，用袋装吹填土代替常规的回填土作为堰身结构，取消一般围堰采用的黏土回填，克服了水中填土的质量较难保证、进度较慢的缺点，缩短了围堰工期。同时，利用吹填袋装土自身稳定性，减少钢板桩侧压力，大大缩短了桩长，降低了施工难度和造价。围堰于 2004 年 8 月开工，10 月底合拢挡水，运行使用 8 个月，于 2005 年 6 月底拆除放水，使用过程中安全稳定。

(2) 土方工程主要有内河侧土方开挖、闸室土方开挖、消力池土方开挖等，挖方总量约为 25.70 万 m^3，填方总量约为 13.40 万 m^3。由于前期场内不具备堆土条件，且开挖土方不能满足回填土要求，所有挖方均外运弃土，所有回填土均外购回填。根据“先主后次、先深后浅、先重后轻”的原则，先进行闸室土方开挖，随施工作业面张开，上、下游护底及翼墙同步进行开挖。但在施工过程中，由于拆迁问题导致工期滞后，为减小影响，增加了施工机械设备，改变了施工方法，以保证基坑及早成型。

(3) 三汊河河口闸采用坞式结构，每块底板长为 37.00 m(顺水流向)、宽为 48.50 m、厚为 2.50 m，混凝土土量为 4 700.00 m^3，原设计布设两道后浇带，因工程工期紧、任务重、质量要求高，经分析研究，采用膨胀加强带一次浇筑成型方案，并在底板中布设高密度聚丙烯塑料循环冷却水管。具体措施为：减少混凝土用量，掺入 JM-Ⅷ型减水剂，掺入粉煤灰，设加强带，掺入 UEA-B 型膨胀剂，掺入聚丙烯腈纤维，布置冷却水管，做好混凝土的保湿养护。通过以上措施，底板一次浇筑成型，未发生任何异常。

图 1-6 为三汊河河口闸土建施工图。

三、闸门制造与安装

工程采用的护镜门结构尺寸和规模空前，双孔为 90.00 m 大跨度，外弧

图 1-6　三汊河河口闸土建施工图

半径为 22.80 m，展开长约为 72.00 m，护镜门内还设有活动小门，成为全国水利工程之最。该门采用的施工技术及工艺方法在国内尚无应用先例，国际上虽有类似工程，但结构构造形式不同，启闭方式也不同。

工程护镜门施工技术、施工工艺均具有创新性。通过系统的护镜门制造和焊接、侧止水结构、活动小门挑流板成型以及安装施工工艺技术研究，取得制造安装的第一手实际动态资料。通过分析评价后，为护镜门的顺利制造和可靠安装提供了依据，对工程本身具有十分重要的指导意义。

(1) 闸门制造关键技术。

外弧(半径为 22.80 m)、长轨迹(展开弧长约为 72.00 m)平面弧形面板材料为复合不锈钢板，需要解决大弧度、长轨迹平面弧形门面板横向弧度、竖向直线度的技术难题。

护镜门采用分节制作(2 扇门共分 18 节)，现场对接总装的各项位置精度要求高；需对弧门曲率半径和外形几何尺寸、超远距离两支铰座相对位置等进行控制；同时为该类门的检测标准的制定提供依据。

护镜门采取胎模内卧式拼焊，对接缝、平角焊、仰角焊、角立焊等组合焊缝较多，坡口形式复杂，需要对护镜门分节制造焊接变形和收缩余量进行控制，确保所有结构的焊接性能。

护镜门内还设有活动小门，活动小门挑流板是双曲面，需解决其成型的难题。

侧止水采用插拔式结构，结构新颖独特，需解决开启时橡皮翻转和止水定位安装问题。

护镜门铰链铰座组件达 28 000 kg，自润滑球关节轴承（内径为 400.00 mm）装配后转动面要求转动灵活、无卡阻现象，球铰上下摆动角度可达 2°。

（2）闸门安装。

本工程施工技术及工艺方法在国内尚无运用先例，在国际上虽有类似工程，但结构构造形式不同，没有现成的施工经验可借鉴。护镜门的安装是本工程施工的一大技术难点，尤其是超大型护镜门需在独立门库测量放样的工况下安装就位，需要综合考虑各方面的因素。如弧门移位时因重心高存在构件易失稳倾覆的风险，两侧支铰同轴度问题，以及施工过程中各种累积误差等客观因素的影响。

现场工况：护镜门分节门叶 1—2—3 和门叶 7—8—9 在对接缝区域内如直接采用汽车吊装就位，则外弧面板对接缝不好施焊，需先移位再就位。为了寻找安全、经济的安装就位方法，在运用结构力学、温度学、力学动态平衡等方面知识的基础上，运用计算机建立数学模型，探索出独特的移位安装施工的新技术。图 1-7 为三汊河河口闸闸门安装图。

图 1-7　三汊河河口闸闸门安装图

施工特点：① 采用厂内分节制造、整体组装，并用驳船运输至工地上游围堰水域，采用浮吊卸货并转运的方案，打破了超大、超重构件陆地运输的瓶颈，降低了吊装的难度。② 通过吊车的协同工作来完成移位作业，解决了护镜门部分分段结构不能直接就位焊接的难题。③ 通过护镜门在各自独立的门库测量放样、安装就位，解决了超大型钢结构安装及吊装施工的难题。④ 采用先进的施工工艺和方法，如计算机辅助施工、温度学的应用等，解决了闸门运行关闭时侧止水施工的技术难题，以及温差对门叶曲率半径相对吻合度的影响。

工艺原理：① 护镜门主体分为 9×2 共计 18 个安装单元，安装遵循按编号由门端至门中顺次对称进行的原则。② 利用立体几何学的原理，测放弧门的旋转中心，并互为基准复核，确保门叶在关门位置安装的大样，同时随着工序的推进，采集旋转中心，确保不同工序构件的安装采用同一旋转中心。③ 通过移位原理，将按大样吊装就位的分段门叶 1—2—3 和门叶 7—8—9 拼接后，移出轨道进行外弧面板对接缝的施焊，再移进并按大样就位，其余构件逐一依次就位对接。图 1-8 为三汊河河口闸护镜门安装图。

图 1-8　三汊河河口闸护镜门安装图

根据本工程护镜门设计技术参数，在分析国内外大型钢闸门制造和安装施工技术现状的基础上，提出了适合本工程护镜门制造和安装、焊接施工以及活动小门挑流板双曲面成型等施工方案。其中多项施工技术国内尚无运用先例，采用本施工技术保证了工程的顺利实施。同时，通过制定质量控制标准、制造加工工艺、质量检测方法和实施细则，对护镜门制造过程进行了严格控制和科学管理，确保了闸门施工质量，创造了大型水闸工程优质施工的成功典范。

护镜门、活动小门和盘香式启闭机安装完毕投入试运行，经现场原型观测后运行平稳、止水效果良好。在该工程中采用的施工新技术和新工艺，较成功地解决了闸门结构复杂跨度大、焊接变形控制问题，以及测量放样精度和侧止水安装定位等问题。根据闸门的运行特征和止水的要求，采用的新技术和新工艺在大型（超大型）、中厚板、结构复杂的平面弧形门等金属结构施工中具有较好的推广运用前景。

四、工程质量

（一）严格控制，质量第一

百年大计，质量第一。为确保三汊河河口闸工程质量过硬，建设过程中严格把好五关：一是设计质量关。设计是工程施工的基础，设计质量决定了施工的成败，经过省厅专家组技术审定、施工图审查以及组织的有关专题会审，确保设计高质量、高品位。二是测量放样关。施工前基准点的确定和放线测量是控制工程几何位置和工程质量的基本条件，施工单位严格按设计图纸测量放样并提交监理单位复核。三是材料进场关。所有大宗材料都选用名牌产品，均有质保书和合格证，所有材料均经现场监理取样送检及平行抽检，各项检测均由有资质的检测部门检测。四是现场检查关。在做好施工现场质量检查的基础上，建立健全工地试验、质量检查、工序交接验收等制度，督促施工单位严格按设计图纸、规范、程序施工。五是工程验收关。严格实行施工单位"三检制"（班组检查、兼职质检员检查、专职质检员检查），自检合格后报监理验收。通过参建各方的共同努力，形成了建设单位负责、监理单位控制、施工单位保证、政府部门监督的质量保证体系，确保三汊河河口闸工程按质、按量、按时完成。图 1-9 为三汊河河口闸现场施工图。

（二）科技创新，技术领先

三汊河河口闸工程属国内首创，无现成的设计、施工、运行、管理经验可以借鉴。为切实解决工程建设（运行）中的技术问题，化解创新带来的风险，各方单位先后完成河口闸水工模型试验、护镜门三维有限元结构分析、闸门水弹性振动试验研究、闸门水弹性原型观测、大体积混凝土浇筑温控研究等课题。通过水工模型试验，全面系统地研究了河口闸总体布置的合理性，验证了各种工况下消力池、海漫、防冲槽的长度和深度设计的合理性，提出了

图 1-9　三汊河河口闸现场施工图

冲淤或换水工况下合理开启调度方式。护镜门三维有限元分析提出了不同工况下护镜门应力、应变分布情况以及闸门振动特性,为设计提供了依据。

闸门水弹性模型试验提出了闸门冲淤开度建议范围、闸门设计修改方向及改善闸门运行条件的措施。通过科学研究,进一步加深了对闸门的理解和把握,为完善设计和运行管理提出了建设性意见。

以科研促进度。河口闸大体积混凝土的浇筑是土建施工的一大难点,也是决定工期的关键。为进一步压缩工期,将底板和闸墩混凝土两次浇筑改为一次浇筑,排架混凝土标号由 C40 提高到 C50,从而缩短了等强时间,压缩工期达 1 个月。

以科研保质量。在加快工程进度的同时,以科研为基础采取了一系列确保质量的手段,大体积混凝土浇筑采用“四掺”(高效减水剂、粉煤灰、膨胀剂、聚丙烯腈纤维)和通水管降温等措施,既加快了进度,也未发现温度裂缝。

以科研保安全。如此大跨度、低刚度(大挠度)的弧形钢闸门,设计、制造、安装、运行均未遇到过,其安全运行至关重要,通过水弹性模型试验及原型观测,摸清闸门振动特性、结构弱点以及运行的最不利工况,对设计完善提出了很好的建议，并根据对闸门脉动压力、应力、应变的在线监测，进一步掌握了闸门运行力学特性，对闸门运行方案提出建议，确保工程安全运行。

（三）加强实测，确保安全

河口闸地处三汊河入江口，地质条件很差，施工开挖时边坡较高，虽采取放缓边坡的措施，但考虑相邻居民小区及开挖好的基坑会因土质较差产生隆起及塌方引起建筑物及施工人员、设备和建筑物本身的安全问题，故在现场布设较多沉降及位移观测点，以加强观测。根据观测结果及时采取打木桩、槽钢支护、放缓边坡等措施，确保了施工安全。

在桩基施工中，对部分钻孔灌注桩做超声波检测，保证了对桩基施工质量的复核。在底板及闸墩混凝土浇筑过程中，在底板及闸墩典型部位布设测温仪，根据温度应力的发展规律，加强观测，根据温升及时调整冷凝水的温度及覆盖层的厚度和拆模的适宜时间，确保了闸墩、底板施工的质量。在整个建筑物施工过程中，布设原型观测设施，及时定期观测。布设的仪器包括沉降位移观测及测缝仪、渗压仪、土压仪、气压仪、钢筋仪、应力仪、水平仪等。

五、安全文明施工

根据“安全生产，预防为主”的指导思想，由三汊河河口闸参建各方、各部门负责人组成了安全生产领导小组。工程配备有丰富实践经验和相当管理水平的专职安全技术干部，各工种队、各生产班组配备专、兼职安全员。建立纵向到底、横向到边的安全生产责任制。签订安全生产责任书。对新上岗的人员和换岗人员严格执行三级安全教育和必要的体格检查，合格者方可上岗。特种作业人员严格实行培训、考核合格持证上岗制度。结合施工进度，对全体人员开展经常性的有针对性的安全教育，使每个员工都牢固树立“安全生产，人人有责”的思想。定期、不定期地组织各种类、各层次的安全生产检查，及时整改消除隐患。

施工现场设立规范的安全管理“五牌一图”（工程概况牌、管理人员名单及监督电话牌、消防保卫牌、安全生产牌、文明施工牌，施工现场总平面图），随着工程进展，悬挂相应的安全信号标志，定期编写安全生产简报和板报，努力创造安全的生产环境。各类特种设备、施工机械实行安全验收制度，落实专人管理，明确安全责任。

在汛期施工时成立防汛领导小组和抢险队伍，专人24小时在施工围堰全天候值班，配备了足够的防汛物资，确保了汛期工程施工安全正常进行。

施工用电推行三相五线制。电工严格执行安全用电自检、漏电保护器试跳、接地电阻测试等制度，确保安全用电。

成立消防领导小组和消防队，保证灭火水源，配置足够的灭火器材，并随时保持可靠的工作状态。定期组织专项检查和消防队演习。

作业环境方面，办公区、生活区房屋整体规划，排列整齐，绿化到位，外观基本一致。办公区、生活区道路均采用混凝土路面，配置混凝土路面停车场。设置全方位的工程介绍、警示、指示、宣传等标牌。设立卫生所，配备合格的保健、急救人员，配置必要的急救器材和药品，开展各种形式的卫生保健和急救知识宣传教育。

第五节　建设经验

一、严格程序

三汊河河口闸工程是外秦淮河综合整治工程的重要组成部分和标志性建筑。闸型国内首创，结构新颖。无论技术难度还是施工复杂性均为南京市水利史上罕见。为确保河口闸工程成为精品工程，按相关规定，通过规范、公正的招投标程序，选定上海勘测设计研究院为设计单位、上海东华咨询公司为监理单位、江苏水利建设总公司为土建施工单位，德国SEW传动设备公司、水利部郑州水工机械厂等国内外一流企业最终承担了设备制造工作。一流的参建单位为河口闸工程的圆满完工奠定了基础。

二、技术创新

河口闸工程结构新颖、技术复杂，大体积混凝土和大量非标准件的使用更增添了施工难度。为了确保河口闸底板、闸墩等部位大体积混凝土一次性连续浇筑施工成功，专门组织专家技术人员，协调各方面力量，从混凝土的材料质量控制、混凝土的浇捣施工措施以及混凝土养护温度控制等主要方面，数次召开专家论证会，制定和采取有效的技术措施，尽可能降低混凝土水化热释放量，控制混凝土养护阶段的温度、速率，减少混凝土内外温差。由于技术准备超前、充分，水化热温控措施得当，闸底板、闸墩等大体积混凝土施工后均未发现质量问题。

三、科学安排

河口闸土建施工工期特别紧，10 个月的工期被压缩为 7 个月，同时河口闸不同于市政工程，只能在枯水季节施工，按省防办批复，2005 年 5 月 31 日前必须拆坝行洪。为此，进一步优化施工方案，调整工期，减小各类因素对工期的影响。主要措施如下：一是参建各方精诚协作，加大资源的投入，确保 24 小时连续施工；二是施工使用的脚手架、模板、扣件等周转性材料一次性配足到位；三是利用经济杠杆等手段，最大限度地调动全体施工人员的积极性，使施工效率达到最高；四是优化施工方案，改良施工工艺，缩短工期。

河口闸工程采用了多项国内外首创的技术，取得了 4 项国家专利，先后获得了水利部设计金奖和国家设计银奖。2006 年获得江苏省水利厅颁发的优秀施工工程奖，2008 年获得中国水利工程协会颁发的大禹奖。河口闸的建设既实现了调控秦淮河水位、改善秦淮河水质的目标，又提高了水利工程在城市水利中的形象，同时也为城市水利的建设拓宽了思路、提供了新的设计理念。护镜门的研究与应用，使今后河口地区的水利基础工程和城市水环境综合治理工程在门型选择上有了新的选择。三汊河河口闸的建设具有显著的社会效益、环境效益和极强的技术引领作用。

第二章　南京市三汊河河口闸管理处管理现状

第一节　管理现状简述

南京市三汊河河口闸管理处（简称管理处）于2009年10月成功创建国家级水利工程管理单位，2012年10月和2016年1月均以高分顺利通过水利部长江水利委员会组织的国家级水利工程管理单位的复核验收。为更好地提升国家级水利工程管理单位的管理水平，管理处积极响应复核验收提出的宝贵建议，从4个方面推进整改落实：一是进一步提升管理环境，实施外秦淮河水利风景区生态补偿项目，升级管理区域的绿化，将管理处管理范围宜居绿化面积由40%提升至87%。二是进一步提升自动化水平，2017年更新中央控制室DLP大屏幕，2018年完成三汊河河口闸工程闸门控制系统设备的更新改造，闸门操控系统的安全稳定性得到极大加强。三是进一步推进精细化管理，2017年管理处依据《水闸技术管理规程》(SL75—2014)和《水闸工程管理规程》(DB32/T3259—2017)，结合管理处技术管理细则进行归纳、补充、完善，编制《南京市三汊河河口闸工程精细化作业指导书(试行)》，作为技术管理实施细则的补充，经过4年的创建，2021年4月顺利通过江苏省水利工程精细化管理单位达标验收。四是进一步配合做好水行政管理工作，管理处根据水行政执法职责的调整，修订检查工作细则，针对日常巡查、定期检查的内容、频次等对检查表格进行调整与补充，按照修订后的要求加强巡查和宣传工作。

管理处在日常管理中严格遵照国家级水管单位考核标准来规范组织管理、安全管理、运行管理等各个方面的工作，通过自检、考核、整改，规范管理行为，保证管理处和上级水行政主管部门全面、及时、准确地掌握三汊河河口闸工程管理状况，及时解决管理中存在的问题，保持水闸工程运行安全高效、管理规范有序。

第二节　组织管理

一、管理体制和运行机制

管理处于2006年7月经南京市机构编制委员会和南京市水利局发文批准成立，2007年经南京市机构编制委员会批准将管理处单独设置，核编为正处级全额拨款事业单位。2014年经南京市机构编制委员会批准，管理处增挂南京市水利信息中心牌子。2015年管理处更名为南京市三汊河河口闸管理处（南京市水务信息中心）。

2007年管理处完成了水管体制改革的相关工作，管理处主要职能明确：① 负责三汊河河口闸的调度、运行与管理；② 负责对秦淮河流域内水资源实施统一调度管理；③ 负责南京水利展示馆的运行管理；④ 承担南京市水利信息化规划、建设和管理工作；⑤ 承担上级水利部门交办的其他任务。

管理处在管理模式上实行管养分离，根据职能要求设置3个养护项目部：一是闸主体工程养护项目部，负责三汊河河口闸主体工程维修养护；二是外秦淮河六闸联控养护项目部，负责秦淮河流域六闸联控设备维修养护；三是物业管理项目部，负责管理区域、办公区域及南京水利展示馆物业服务。养护单位全部采用公开招标或政府采购的方式选择确定。

管理处管养分离管理模式已经趋于成熟，通过加强管理，保证了养护工作的高标准、严要求，有效地促进了维修养护工作水平的提高，形成了管理处和养护单位的互相促进、争相提高的良好局面。

管理处所有在编工作人员均由上级水利部门公开竞聘或向社会公开招聘择优录用。作为全额拨款事业单位，管理处绩效工资水平由南京市人力资源和社会保障局、南京市财政局统一核定。依据绩效工资实施相关规定，并体现工作量和实际贡献等因素，管理处制定了《南京市三汊河河口闸管理处奖励性绩效工资分配方案》，经上级水利部门审核后报南京市人社局备案。

二、机构设置和人员配备

2014 年 6 月，南京市机构编制委员会以《关于同意南京市三汊河河口闸管理处增挂南京市水利信息中心牌子的批复》，确定了管理处机构设置与人员编制。

管理处下设 3 个职能科室，3 个养护项目部。职能科室包括：办公室、工程管理科、网络信息科(设在市水务局、纳入局机关安全管理)。养护项目部包括：闸主体工程养护项目部、六闸联控项目部、物业管理项目部。

（一）职能科室

办公室：贯彻执行党和国家的方针、政策、法律、法规及上级部门的有关规定；组织制定河口闸管理处各项行政、人事、财务规章制度并监督实施；负责全处人事、劳资、工会、教育和社会保险等综合管理工作，承担职工岗位培训、专业技术职称的申报、评聘等工作；负责全处财务管理工作，制定财务制度，编制费用计划，执行财经纪律，及时处理日常经济业务，编制会计作证，登记会计账簿，编报会计报表，并按规定整理、保管会计资料；负责管理行政事务、文秘与档案工作。承担公文、文件的收发、打印、登记、传阅和归档立卷工作；负责各类报纸杂志及相关资料的订购、整理、归类等工作；负责承办公共事务、后勤服务、内保、物业管理等工作。承办接待、会议、办公设施管理等工作；负责办公用品的发放、建账及保管工作；负责办公区的美化及清洁卫生工作。做好全处宣传相关工作，做好年度宣传任务分配工作，做好市局网站的信息报送工作；承担全处各部门季度、年度工作总结、计划汇总整编工作，做好相应报告的编写工作；负责全处车辆日常管理、调度、安全等事宜；负责全处临时工的聘用及管理工作；完成领导交办的其他工作。

工程管理科：负责研究制订全处工程技术改造、改建、扩建、除险加固计划及工程效益的调查、分析工作；负责全处水工建筑物、机电与金属设备及信息与自动化的技术管理工作；修订完善工程技术管理实施细则、工程技术管理制度及运行操作规程等工程管理规章制度；负责全处防汛工作，具体负责汛前、汛后检查组织实施、汛期值班督查及所属工程防汛预案、防台风预案的编制、修订等各项工作；负责全处工程技术改造、改建、除险加固建设管理以及维修养护招标及实施工作；负责编制全处岁修、养护、急办、维修等工程年度工作计划，加强工程项目的管理；组织工程观测及技术资料的整编、归档、保管工作；承办对外技术的交流工作；组织开展全处工程管理的科技工作，做好科技项目、科技成果的申请、上报工作；积极开展新技术、新材料、新产品的推广应用工作；负责管理范围内巡查工作，保障工程安全；负责秦淮河（干流）水体（调水）管理工作，包括水体巡查、水质测报、调水考核等具体工作；负责外秦淮河整治远程集中监控系统养护维修管理工作；负责外秦淮河水利风景区相关管理、建设工作；完成处里安排的其他工作。

网络信息科：制定南京市水务信息化的技术规范和管理制度；组织编制局系统水务信息化规划，组织协调局系统水务信息化重大项目的建设管理，负责水务信息化安全工作，指导区水务信息化工作；建立全市水务系统数据共享体系以及信息资源的整合开发利用；负责水务信息化系统维护和人员培训；负责南京市水务外网门户站和政务微博、微信的日常维护及信息发布；协助开展水务宣传工作，配合做好市局政务公开工作，配合做好舆情监督应对工作。

（二）养护项目部

闸主体工程养护项目部：遵守安全规定，严格执行操作规程，避免责任范围内的工作发生安全事故；采取措施保障工程防汛安全，遇标准（50 年一遇)以内降雨,确保配电房不受淹;遇标准以上降雨,必须组织项目部人员,采取一切措施力保配电房不受淹;按照管理处与养护单位双方签订的养护维修服务协议规定,做好其他相应安全管理工作,承担相应的责任和义务。

六闸联控项目部:遵守安全规定,严格执行操作规程,避免责任范围内的工作发生安全事故;采取措施保障工程防汛安全,遇标准以内降雨,确保大小闸门正常开启、确保摄像头等监控设施正常工作;遇标准以上降雨,必须组织项目部人员,采取一切措施力保闸门控制系统正常运行;进行六闸联控系统工程管理软件运行维护、工程检查、工程设备养护维修、安全管理、环境管理、档案管理养护维修工作;按照管理处与养护单位双方签订的养护维修服务协议规定,做好其他相应安全管理工作,承担相应的责任和义务。

物业管理项目部:遵守安全规定,严格执行操作规程,避免责任范围内的工作发生安全事故;采取措施保障管理处院区范围内防汛安全,遇标准以内降雨,确保管理处地下室不受淹;遇标准以上降雨,必须组织项目部人员,采取一切措施力保地下室不受淹,确保不因此导致配电房淹水;遇强降雨雪采取措施保障管理处停车棚安全,确保不发生坍塌事故;定期对物业管理范围内消防灭火器材进行检查,填写检查记录,及时对压力不足的灭火器进行冲压更换,确保管理范围内消防安全;配备专业人员加强南京水利展示馆和院区排水泵房的运行维护,确保展示馆和配电房等设施安全;加强管理楼内用电安全检查,定期检查用电线路,及时更换老化线路及电气设备,确保管理范围内用电安全;按照管理处与养护单位双方签订的养护维修服务协议规定,做好其他相应安全管理工作,承担相应的责任和义务。

按照体现水管单位体制改革成果、充分实现管养分离效果的原则,管理处按照“一人多岗、一人多能”的原则设置内部岗位。截至目前,管理处具体定编定岗情况为:编制数为 17 人,其中,管理岗编制 4 人,其中领导职数为 3 人,分别为正处级 1 人,副处级 2 人;专业技术岗编制 13 人,其中高级职称 3 人,中级职称 5 人,初级职称 5 人。

目前,管理处共有在职职工 16 人,其中管理岗 3 人,技术岗 13 人;现有人员职称情况为:正高级职称 1 人,副高级职称 5 人,中级职称 9 人,初级职称 1 人。所有人员均具有本科以上学历。

管理处及闸主体养护项目部均配备了技术负责人，管理处严格实施关键岗位持证上岗制度，养护单位电工岗、闸门运行工，以及管理处中控室操作人员、档案管理人员、财务管理人员均具有相应岗位证书，持证上岗率达 100%。

管理处人员配备大大少于《水利工程管理单位定岗标准（试点）》规定的 43 人的配置数，且由于实现了一人多岗，人员能满足工程管理需要。

管理处自建处以来一直非常重视职工培训及人才培养工作，做到年初有培训工作计划、年终有培训工作总结，按计划积极开展综合管理类、精神文明及党风廉政类、工程管理类业务培训，管理处职工年培训率达到 100%。同时，在工作安排中，管理处让年轻同志多挑担子、多锻炼，以促进他们的成长。

三、精神文明建设

近年来，管理处进一步巩固各项精神文明创建成果，以加强党风廉政建设、强化作风建设、提升工作效能为抓手，全面提升了管理处精神文明建设水平。近 3 年，管理处获得"江苏省水利工程管理先进集体""水利部水利安全生产标准化一级单位""江苏省精细化管理单位""南京市三八红旗集体""江苏省最美水地标"等荣誉称号。自成立以来，管理处累计获得国家、省部级荣誉 20 余项。图 2-1 为部分精神文明创建成果。

管理处以创建先进基层党组织为目标，扎实开展党建工作，充分发挥党支部战斗堡垒作用和党员先锋模范作用。严格落实党风廉政建设责任制，引导党员筑牢拒腐防变的思想道德防线，增强勇于担当的责任意识，凝聚创新发展的智慧力量。每年召开职工大会，倾听职工心声，对于职工提出的合理化建议积极采纳。管理处为职工办实事，把职工当家人，推行"家文化"建设，受到了广大职工的一致好评。

管理处成立了精神文明创建工作领导小组，由管理处一把手亲自抓、总负责。在精神文明创建过程中，管理处突出载体建设，把创建文明单位与管

图 2-1　部分精神文明创建成果

理工作结合起来，把创建文明单位与提高职工的素质结合起来，努力提高文明创建的系统化、规范化水平。管理处依托管理处一楼的南京水利展示馆，积极开展水文化建设。南京水利展示馆每年接待来宾数千人，管理处负责接待讲解，传播南京水文化、宣讲南京水务人勤廉治水的事迹。南京水利展示馆已经成为南京市乃至江苏省传播水文化的重要场所。

通过强化内部管理，管理处不断提高干部职工的职业道德素质，强化职工的道德和法律意识，营造了良好的内部秩序和遵纪守法的氛围。

四、工程环境和管理设施

管理处管理范围内水土保持良好，宜居绿化面积高达 87%，已经达到比较成熟的程度。近年来，管理处逐年推进外秦淮河国家级水利风景区建设，深入挖掘和展示风景区历史文化内涵，树立景区品牌，管理处获评“南京市绿化达标单位”“南京市绿化先进单位”。自 2014 年开始，管理处贯彻南京市城市综合管理标准化建设，高标准通过市城管委的验收，进一步提升了管理区域环境综合管理水平。特别是 2016—2019 年间，管理处先后实施了 3 期外秦淮河水利风景区生态补偿项目，以生态修复、保护和建设为核心，通过绿植优化改造、修复退化的灌木和草坪、更新道路铺装、景观节点出新等措施，打造"花开四季，彩化、优化、美化城市滨江空间"，重点完善区域内的景观功能，形成人居和自然和谐共处、可持续发展的城市绿色景观廊道，在强化水利风景区生态保护与管理的同时，提升了外秦淮河水利风景区的形象。

管理处设置办公室、防汛仓库、工具房、食堂等管理生活用房，打造职工之家，并配备乒乓球台、图书室、健身器材等设施，为职工营造了良好的工作环境。

五、规章制度

管理处坚持按制度办事、用制度管人，严格规范行为，不断推进规范化、制度化、科学化建设。经过多年的积累与发展，形成了较为完善且行之有效的制度体系，确保了各项工作的有序开展。

近年来，管理处建立、健全并不断完善各项管理规章制度，涵盖管理处党风廉政、行政工作、财务工作、人事工作、工程管理、安全生产、档案工作和工会工作等 8 个方面共计 115 项制度。管理处各项关键岗位制度全部上墙明示，保证了各项工作规范有方、管理有章、执行有据，为水利工程精细化、科学化、现代化管理提供了较为准确的立体坐标体系。2018 年 8 月，管理处印发《南京市三汊河河口闸管理处规章制度汇编（2018 修订版）》。2019 年 3 月，在原制度的基础上，管理处组织对全处所有规章制度进行修订完善，并印发给每位职工遵照执行。2019 年 10 月，结合精细化管理需求，印发环境管理制度、考核管理制度，对规章制度进行了补充。2021 年 3 月，结合精细化单位创建专家咨询意见，增加养护维修管理制度和水政管理制度。由于市水务局成立市水务综合行政执法总队，根据市水务局《关于明确市级水务综合行政执法职责和流程的意见（试行）》，管理处不具备水行政执法职能，只负责管辖范围内日常巡查，发现问题及时上报，故在《水政管理制度》中明确职责、规范行政执法移交工作流程和巡查制度。

在日常管理工作中，管理处注重检查督促制度执行，以保证制度执行效果。在每年的年终考核中,管理处专项检查当年制度执行情况。通过一系列手段,不断促进管理处制度管理的规范、有序。

六、档案管理

管理处严格按照江苏省四星级档案管理工作标准,坚持“立足发展,突出服务,重在建设,狠抓落实”的指导思想和“现代化管理,信息化建设,社会化服务,法治化推进”的发展方向,加大档案管理工作力度,认真开展档案目标管理工作。2016 年 12 月下旬,管理处通过了市档案局、市水务局组织的省档案四星级资格复查。

管理处档案管理实行“统一领导、集中管理”的原则,明确档案管理分管领导,配备档案专职人员,明确各部门兼职档案员,建立完整的档案管理网络,有序地根据工程技术档案分类法按时归档,建立目录,分类清楚,存放有序,维护档案的完整与安全,充分发挥档案的服务职能。

根据有关文件规定,管理处结合实际情况,制定并完善档案工作的各项规章制度,建立起职责明确、程序严谨、落实有力的档案管理工作机制,保障各项档案工作的顺利开展。

管理处依托市局水利档案数字化系统,开展库藏历史存量档案数字化加工,将库存档案卷宗进行扫描,上传到档案管理系统专用服务器。建成室藏全部档案的文件级目录数据库和多媒体数据库,实现库存档案的在线查档。

管理处坚持“以利用为纲”的指导方针,使原始状态的档案材料,转化为有序、有用、有效的信息资源,同时又不断开发利用,先后编写多种编研资料。这些资料使用方便,提高了服务质量。同时,严格按照保密规定,加强对计算机网络和对外交往的保密防范措施。

管理处档案室自 2005 年建成投入使用,下一步着手实施将传统钢制档案柜更新为手摇式档案密集柜,配备多功能控制系统,可以节省空间,实现档案一体化的高效管理。

七、年度自检和考核

管理处每年根据考核标准进行自检，并将自检结果上报水务局。水务局每年按规定组织考核，并将考核结果及时反馈给管理处，对自检发现的问题、水务局考核反馈的意见积极落实整改。

第三节　安全管理

一、注册登记

根据上级水利部门统一部署，按照《水闸注册登记管理办法》相关要求，管理处开展了水闸注册登记工作，并于 2008 年 5 月将工程注册登记材料汇编上报上级水利部门并通过了审查。2011 年，三汊河河口闸工程被编入全省水闸注册登记资料汇编（第一分册）。2019 年，管理处按照水利部办公厅发文，在全国堤防水闸管理信息系统上进行了基础信息填报工作，完成了水闸注册登记，取得了电子版水闸注册登记证一份（2021 年下载打印），见图 2-2。

水闸注册登记证

根据《水闸注册登记管理办法》的规定，经审查准予注册登记，特发此证。

水闸名称：三汊河河口闸
水闸编码：320107000011
水闸类型：节制闸
建筑物级别：2级
安全类别：一类

管理单位名称：南京市三汊河河口闸管理处
管理单位权属：市级管理
竣工（建成）日期：2006-05
设计过闸流量（m^3/s）：600
工程所在地：江苏省，南京市

注册登记机构：南京市水务局
制证日期：2021 年 5 月 10 日

本证书由水闸注册登记管理系统自动生成，可扫描二维码验证，涂改无效。

图 2-2　水闸注册登记证

二、安全鉴定

管理处于2010年9月委托河海大学开展三汊河河口闸工程安全鉴定相关工作。2012年7月10日，江苏省水利厅主持召开三汊河河口闸工程安全鉴定会，水闸鉴定类别为一类闸。

2020年7月，管理处启动新一轮安全鉴定工作，委托南京水利科学研究院开展三汊河河口闸安全鉴定工作，水闸鉴定类别为一类闸。见图2-3。

三、除险加固、更新改造

管理处于2015年10月编制了《南京市三汊河河口闸更新改造规划和实施计划(2016—2020)》。按规划已完成中控室大屏幕更新、河口闸控制设备更新等项目。

为确保作为创新工程的三汊河河口闸能持续、长期、充分发挥效益，满足六闸联控及三汊河河口闸闸门控制、指挥调度的需要，2020年11月，管理处编制了《南京市三汊河河口闸管理处更新改造规划及实施计划(2021—2025年)》。

四、设备等级评定

三汊河河口闸工程设备主要包括2扇护镜式大闸门、12扇液压小闸门、4台盘香式启闭机和12台液压启闭机及电气设备。

2019年，根据《水利水电工程闸门及启闭机、升船机设备管理等级评定标准》(SL240—1999)的规定，管理处对三汊河河口闸工程闸门、启闭机等进行了第五次设备等级评定工作，自评为一类工程。

2019年11月，南京市水务局组织专家对管理处设备等级评定报告及资料进行审查，同意将三汊河河口闸工程闸门、启闭机、电气设备等评定为一类工程，按一类设备进行管理。见图2-4、图2-5。

五、划界确权

根据《中华人民共和国土地管理法》《中华人民共和国城市房地产管理

图 2-3　2020 年安全鉴定工作开展情况图

法》《江苏省土地管理条例》等有关规定，经权属调查审定，管理处于 2009 年 3 月完成了土地划界确权工作，领取了国有土地使用证。

（一）管理范围和保护范围

根据《国家土地管理局、水利部关于水利工程用地确权有关问题的通知》，结合三汊河河口闸工程管理的实际情况，三汊河河口闸工程确定了管理范围和保护范围。

图 2-4　盘香式启闭机大齿轮啮合度检查图

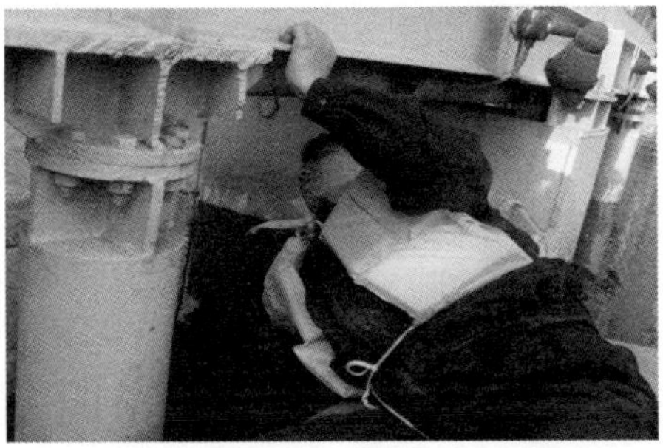

图 2-5　闸门锈蚀情况检查图

1. 管理范围

纵向:上游到下关大桥桥面边缘垂直投影线(长江侧),下游至三汊河河口闸防冲槽末端(河道中心线全长约为 399.00 m)。

横向:北岸堤防从北岸迎水坡一级平台水边栏杆到堤与世茂小区分界线(以界桩为准);南岸堤防从南岸迎水坡一级平台水边栏杆至秦淮河堤防背水坡坡脚。见图 2-6。

2. 保护范围

根据《南京市水利工程管理和保护办法》规定,河口闸工程保护范围为管理范围边界(左右岸)外延 50.00 m。见图 2-6。

(二) 确权情况说明

经与国土部门沟通与协调,国土部门对管理处上报的管理范围进行了

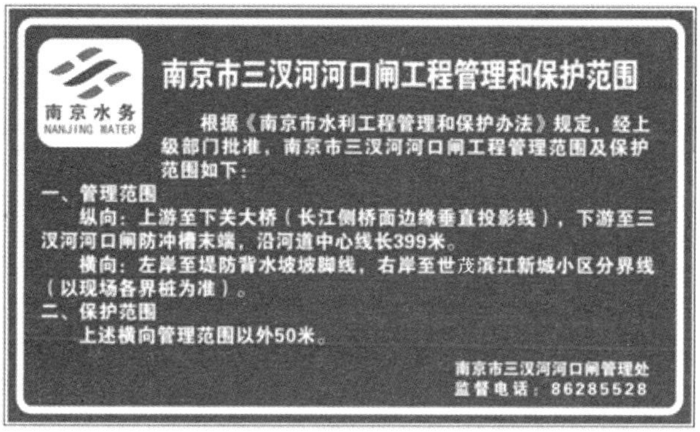

图 2-6　三汊河河口闸工程管理和保护范围

确权，管理范围确权率为 100%，土地使用证领取率为 100%，确权总面积为 35 576.30 m^2，其中右岸堤防管理范围为 16 949.10 m^2，左岸堤防管理范围为14 256.90 m^2，管理处控制中心管理范围为 4 370.30 m^2。

根据《关于开展河湖和水利工程管理范围划定工作的实施意见》，管理处于 2019 年 10 月完成了南京市三汊河河口闸管理范围划定工作验收，再次明确了管理范围，并重新埋设 21 个界桩（其中贴牌 8 块、移位桩 9 个，新设 4 个）、2 块告示牌、4 块界牌。管理处将进一步完善确权划界成果，并进行充分利用。对已埋设的界桩、告示牌等管理设施，加强管理养护。

2020 年，为加强水闸安全运行管理，管理处组织实施划定了三汊河河口闸工程安全警戒区，埋设界桩，安装安全警戒区公告牌、太阳能语音红外感应提示杆及相关安全生产类标牌，进一步强化涉水活动管理。见图 2-7。

六、水行政管理

根据南京市水务局《关于印发〈明确市级水务综合行政执法职责和流程的意见（试行）〉的通知》（宁水政〔2018〕208 号），管理处水行政执法职责调整为负责管辖范围内日常巡查、非进入执法程序的汛前清障、行政许可项目实施的监督及在建工程监管、水行政规费征收等工作。管理处执法工作流程明确为三汊河河口闸管理范围内发现应当进行执法程序查处的涉水违法行为，交由总队长江支队进行处理。

图 2-7　三汊河河口闸安全警戒区公告牌及界桩

管理处每年持续加强日常巡查，开展水法宣传活动，保证管理范围内无违章建设项目、无违反水行政管理行为，工程设施、管理设施、安全设施等完好。

七、防汛抢险

三汊河河口闸工程地处秦淮河入江口，防汛安全事关大局，责任重大。管理处自成立以来，高度重视防汛工作，贯彻“安全第一、常备不懈、以防为主、全力抢险”的工作方针，狠抓防汛安全，切实做好全处的防汛工作。

管理处严格落实各项防汛措施，消除各类安全隐患。一是完善应急体系，修订完善管理处防汛预案、防台风预案等，升级防汛仓库，清点防汛物资并及时进行更新补充，开展防汛排涝技能演练；二是落实防汛责任，修订管理处防汛值班方案，组织开展防汛知识培训，按照方案要求落实防汛工作具体人员和责任，认真做好汛期防汛值班，严格执行汛期 24 小时值班制度；三是做好工程检查和巡查，发现险情及时处理；四是科学规范控制运用闸门。

八、安全生产

作为南京水利的窗口单位，管理处始终坚持“安全第一，预防为主，综合治理”的工作方针。根据《水利部关于印发〈水利安全生产标准化评审管理暂行办法〉的通知》，经水利安全生产标准化评审委员会评审，2020 年 1 月 17

日公示结束，南京市三汊河河口闸管理处被水利部授予水利安全生产标准化一级单位。见图 2-8。

水利安全生产标准化

证书

证书编号：水安标Ⅰ GL20200007

南京市三汊河河口闸管理处

水利安全生产标准化一级单位

有效期至：2023 年 1 月

中国水利企业协会

二〇二〇年一月

中华人民共和国水利部监制

图 2-8 水利安全生产标准化证书

管理处将安全生产标准化的要求常规化并细化贯穿至工程管理的各个角落、各个层面、各个步骤。

一是注重安全生产管理的办法和措施。管理处设立了安全生产领导小组、防洪度汛领导小组、事故应急管理小组等领导小组，各小组组长均由管理处主任担任，各小组成员随人事变动及时调整，明确安全生产牵头部门，保证管理处安全生产始终处于可控、在控状态。为做好安全生产标准化建设工作，管理处于 2018 年成立安全生产标准化创建小组，创建小组按照水利部评审标准结合管理处安全生产实际开展工作。建立健全规章制度。管理处定期修订各种安全生产规章制度并进行相应知识培训，如每年汛前开展防汛管理规章制度及应急预案修订，并由分管安全副主任进行相关知识培训；管理处操作规程均由各岗位操作人员参与编写，操作规程简明扼要，不同岗位的人员只要严格按照规定流程均能安全操作。严格落实安全生产责任制。管理处每年年初逐级签订安全生产责任状，安全生产责任分解落实到位；每季度按照安全生产目标及责任状内容对各岗位人员进行考核，并按照奖惩办法进行奖惩。

二是积极做好安全生产教育培训工作。每年年初根据各部门、各项目部识别安全生产教育培训需求，制订年度教育培训计划，培训内容有较强的可操作性。按照年度培训计划逐项进行培训，培训结束后进行培训考核评价。结合管理处实际，在相关知识培训后进行实战性操作演练，如防汛排涝演习、消防灭火演习等，确保培训效果。培训活动尽可能与国家安全宣传活动窗口相结合，发动群众积极参与，如与中国水周、安全生产月结合等。通过教育培训，促使干部职工由“要我安全”向“我要安全”转变，由“被动”安全向“主动”安全转变，在单位营造出人人讲安全、时时讲安全、事事讲安全、处处讲安全的良好氛围。见图 2-9。

三是强化各项安全检查。管理处严格落实各项安全检查，消防检查、安保巡查、经常检查、定期检查、特别检查等均制定了固定格式表格，相关检查完毕后形成报告并上报市水务局。坚持日常检查和重点检查相结合制度，除日常组织安全巡查外，还按照市有关通知精神进行水管单位安全生产的专项检查。通过检查落实各项安全措施，排除各种安全隐患。见图 2-10。

四是注意将安全生产工作与其他各项工作相结合。与国家级水管单位长效建设相结合。管理处一直将安全生产放在各项工作的首要位置来抓，在国家级水管单位创建及复核过程中，管理处在防汛抢险、确权划界、安全生产、设备等级评定等项目中均获得满分。与工会工作、精神文明建设相结合。安全生产工作离不开职工，最根本的是要从思想上、精神上重视，因此管理处历来重视安全生产工作与工会工作、精神文明工作的结合。如结合

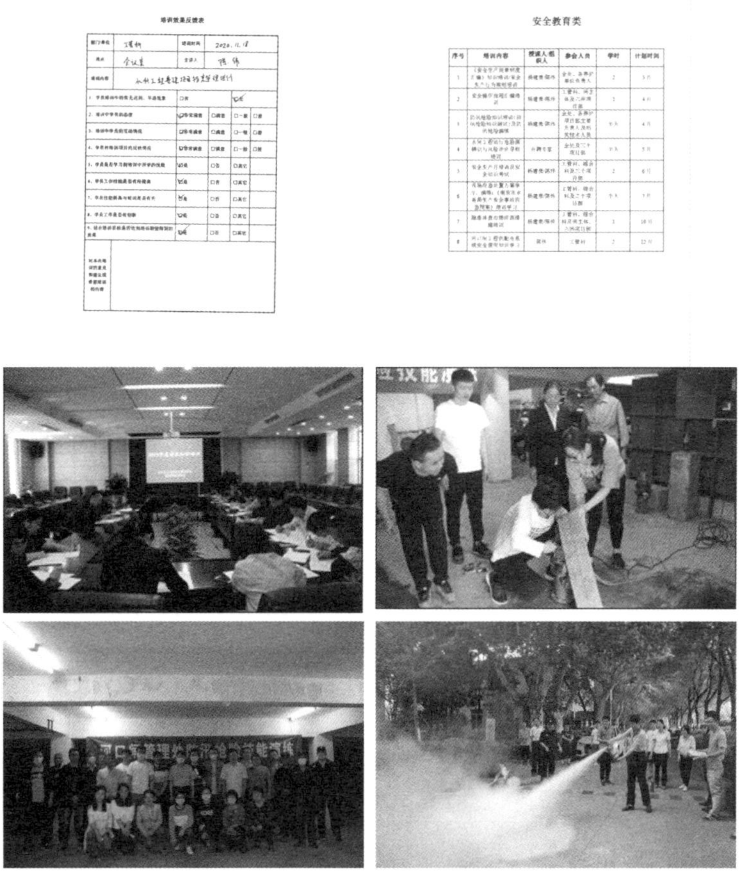

图 2-9 安全生产教育培训

全省总工会“工人先锋号”、全省水利系统“文明标兵单位”、南京市“安康杯”竞赛等相关创建活动，开展全员参与、全员献策等安全活动。

五是强化对各个项目部安全生产工作的要求。各项目部要制定本部门安全生产责任制以及具体管理办法和规定，明确本项目部安全责任人，保证日常工作中按规定履行职责，确保安全责任落实到人；坚持定期召开安全生产会议，布置安全工作，解决安全问题，定期进行安全检查，制止违章现象，加大隐患整改及事故查处力度，及时上报安全生产情况；保证安全投入，配备必要的安全防护设施，改善安全作业条件；组织职工学习《中华

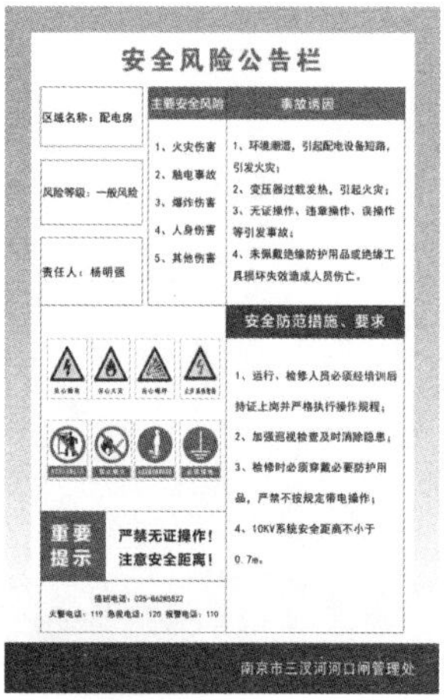

图 2-10　安全检查工作建设材料

人民共和国安全生产法》《江苏省安全生产条例》《南京市三汊河河口闸管理处规章制度汇编(2018 修订版)》等安全生产法律、法规、规章和管理处安全生产制度(规程),积极参与管理处的安全管理活动;按规定建立本项目部安全生产台账;如发生安全事故,必须按照南京市三汊河河口闸管理处事故处理及报告制度中的规定程序进行处理。

管理处全体人员立足安全工作根本,扎实做好安全生产标准化建设工作,推进水利安全生产标准化管理常态化,提高工程本质安全水平。

第四节　运行管理

一、技术管理细则

2007 年,管理处根据《水闸技术管理规程》《江苏省水闸技术管理办法》等规定,结合工程初期运行经验和工程设计要求,制定了《南京市三汊河河口闸工程技术管理实施细则(试行)》。2008 年 3 月,南京市水利局发文审查批准。

2012年和2019年，管理处结合工程实际运用情况，根据水闸管理相关规程，对管理细则分别进行两次修订，上级水管部门均组织专家进行审查，并发文批准执行。

二、技术图表

根据水闸管理相关要求，以及三汊河河口闸工程管理需要，管理处在2007年形成完整的技术图表，并上墙明示。2012年，管理处及时更新完善了三汊河河口闸工程平面图、立面图、剖面图、电气主接线图、启闭机控制原理图、水位流量曲线图、主要技术指标表、主要设备规格、检修情况表等技术图表。2018年和2019年，管理处根据工程实际情况，分别对部分图表进行了修改，并在工程运行现场适当位置上墙明示。见图2-11。

目前，管理处工程技术图表齐全，内容准确，样式美观，规格统一，张贴明示位置合理，固定牢靠。结合水闸工程实际，管理处建立了三汊河河口闸技术图表统计台账，定期检查维护，及时更新。新增技术图表主要有：电气控制原理图、主要设备维修揭示图、三汊河河口闸自动化控制系统网络拓扑结构图等。全部技术图表共分9个区域、设置49张技术图表，全部建档立卡。

三、工程检查

为提高工程检查工作质量，全面了解工程设备运行情况，管理处制定了《南京市三汊河河口闸工程技术管理实施细则》《南京市三汊河河口闸工程定期检查质量标准》，以及相关检查工作制度、巡视检查制度等，按要求规范开展日常检查、定期检查和特别检查，认真填写各项记录表格，形成技术报告。

第一，日常检查。为确保三汊河河口闸工程日常运行安全，及时发现并消除隐患，管理处根据《南京市三汊河河口闸工程技术管理实施细则》要求，规定检查路线，定期对建筑物各部位、闸门、启闭机、机电设备、管理范围内的河道、堤防等进行检查。经常检查由管理处工管科和养护项目部人员开

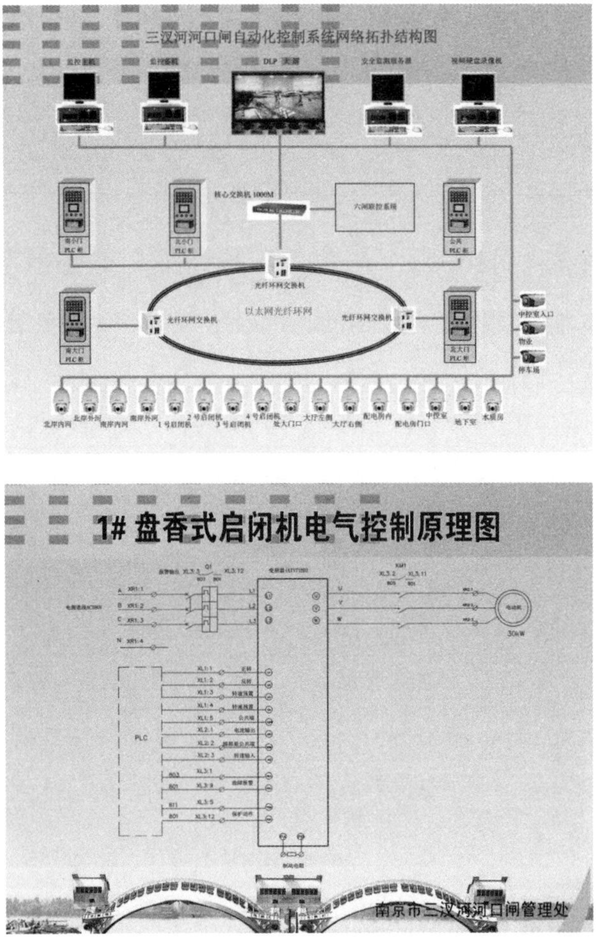

图 2-11　技术图表

展，每周一次；巡视检查由管理处工管科和养护项目部人员开展，每天一次，超警戒水位时，增加堤防巡查次数。

第二，定期检查。管理处在每年汛前、汛后各开展一次定期检查，汛前检查在 3 月底前完成，汛后检查在 10 月底前完成。汛前检查着重检查维修养护工程和度汛应急工程完成情况、安全度汛存在问题及措施、防汛准备工作情况，对工程各部位和设施进行详细检查，并对闸门、启闭机、配电设施、备用电源、监控系统等进行检查、测试和试车，对检查中发现的问题提出处理意见并及时进行处理，对影响安全度汛而确又无法在汛前解决的问题，制定度汛应急方案。汛后检查着重检查工程和设备度汛后的变化和损坏情况，据此提出养护修理和大修加固项目，编制次年的岁修养护、防汛急办工程计划。见图 2-12、图 2-13。

图 2-12　汛前检查

图 2-13　汛后检查

第三，专项检查。专项检查无固定周期。当发生地震、风暴潮、台风或其他自然灾害，水闸超过设计标准运行，或发生重大工程事故后，进行专项检查，着重检查建筑物、设备和设施的变化和损坏情况。见图 2-14、图 2-15。

图 2-14　柴油发电机组检查和试机

图 2-15　电动机绝缘电阻检测

四、工程观测

管理处严格按照《水利工程观测规程》(DB32/T 1713—2011)和南京市水务局下达的《南京市三汊河河口闸工程观测任务书》的规定开展工程观测工作。2014 年 7 月,南京市水务局对管理处工程观测任务书进行修订,管理处按照修订后的观测任务书要求,对水闸工程的垂直位移、水平位移、河道断面等进行观测，对工程运用情况、水位及工程大事记进行汇总统计。见图 2-16。

图 2-16　管理处工程观测及资料整编

按照观测任务书的具体要求，根据工程结构布局、地基土质等实际情况，规范埋设垂直位移工作基点、标点，河床断面桩。注重日常巡视检查，做好各观测设施、测量标点的维护，管理处共设变形观测工作基点 6 个，其中 E001、E002、E005、E006 为垂直位移观测工作基点；E003、E004 原为垂直位移共用点，现为水平位移观测控制点。观测设施完好率达到 100%。工程观测仪器主要选用行业内先进仪器，结合规范的测量工法来提高观测的精度及效率。定期对主要观测设备进行检验，所有观测设备检验合格，符合使用要求。

管理处观测项目分为一般性观测项目和自动化观测项目。一般性观测包括：垂直位移、水平位移、河道断面；自动化观测包括：闸室底板扬压力、闸室底板基底土压力、灌注桩桩顶压应力、闸室底板钢筋应力、闸门支铰处钢筋应力、底板不均匀沉降、底板伸缩缝开合度。垂直位移、水平位移、河道断面汛前汛后各观测一次；河道水下地形每年观测一次；自动化观测数据每天自动采集一次。

管理处每年组织观测成果上报市水务局审核。在通过市水务局组织的审查后，由管理处将观测成果统一刊印成册，归入单位年度档案保存。近年来，管理处工程观测及资料整编工作均被市水务局评为优秀等级。

管理处经常对工程观测设备进行检查维护，及时修复损坏的观测设施，除个别自动观测项目仪器故障无法维修和更换外，其余设施基本完好，设施完好率为 96.5%。见图 2-17。

图 2-17 工程观测设备检查维护现场

五、维修项目管理

根据《江苏省省级水利工程维修养护经费使用管理办法(试行)》和《江苏省省级水利工程维修养护项目实施方案管理办法(试行)》的有关规定，管理处制定《南京市三汊河河口闸工程维修养护项目实施方案管理办法(试行)》，用以加强工程维修养护项目管理。每年汛后，管理处根据工程检查、工程观测和工程运行中发现的问题和安全隐患，按照省级水利工程维修及河湖管理经费项目申报指南的要求，编制下一年度工程维修项目计划及实施方案，经审核后上报市水务局。

年度工程维修养护经费项目和经费批准下达后，管理处严格按照批复的项目和经费组织实施，实施过程中对实施质量、安全、经费、进度和资料档案管理等跟踪检查，规范支付手续，严格项目验收，确保经费专款专用。所有维修养护项目严格执行竣工决算审计制度，并出具审计报告单，建立项目维修养护管理卡制度，对年度养护维修项目实施情况开展绩效评价。

管理处于 2017 年实施中控室大屏幕更新改造项目，2018 年实施闸门控制系统设备更新改造工程、闸墩表面环氧树脂出新及启闭机房钢爬梯油漆出新项目，2019 年实施闸门整体油漆防腐项目、启闭机房泡沫夹芯板更换项目，2020 年实施安全警戒区划定和水闸排架出新、机电设备油漆防腐维修项目，见图 2-18～图 2-20。所有项目均按照要求编制实施方案，上报主管部门审批，加强项目实施过程管理和验收，项目实施过程控制严格，经费使用规范，项目管理资料齐全，见图 2-21。

图 2-18　闸门油漆防腐图

六、混凝土工程的维修养护

三汊河河口闸混凝土工程主要包括闸身、排架、翼墙、上下游连接段、上下游引河两侧栏杆、下游混凝土网格护坡等。主要维修养护内容包括：及时清理混凝土建筑物表面污垢、积水、积雪等，清理闸室漂浮物及杂物，保持建筑物表面和闸室清洁（见图 2-22）；对于剥落、漏筋、裂缝部位及时修补，严格控制修补质量；伸缩缝填料如有流失，及时填充。

图 2-19　2020 年省级维修项目安全交底

图 2-20　2020 年市级维修项目安全警戒区公告牌

七、砌石工程的维修养护

三汉河河口闸砌石工程主要包括下游浆砌块石护坡、长江口处护坡抛石、防冲设施等。主要维修养护内容包括:及时清理浆砌块石护坡表面杂物,发现护坡缺陷立即维修养护。

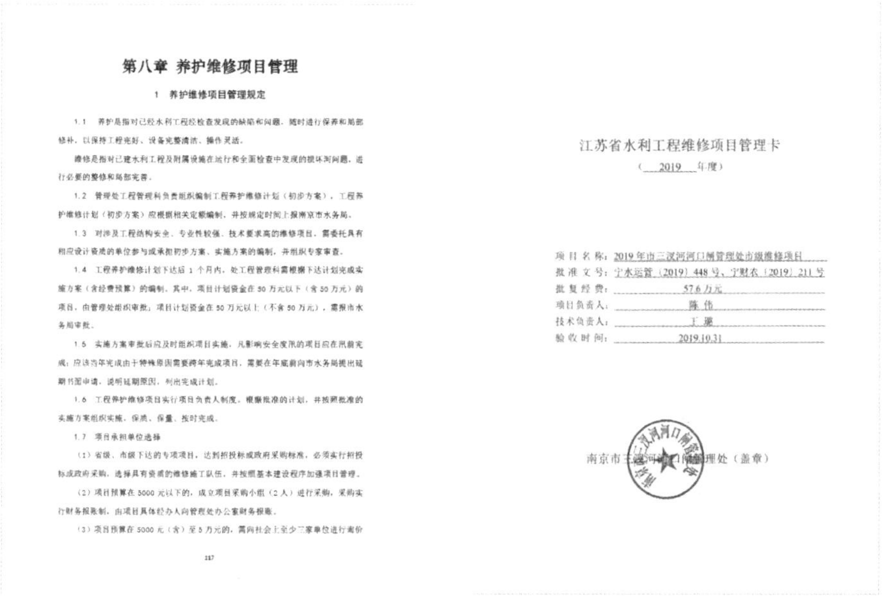

第八章 养护维修项目管理

1　养护维修项目管理规定

1.1　养护是指对已经水利工程经检查发现的缺陷和问题，随时进行保养和局部修补，以保持工程完好、设备完整清洁、操作灵活。

维修是指对已建水利工程及附属设施在运行和全面检查中发现的损坏和问题，进行必要的整修和局部完善。

1.2　管理处工程管理科负责组织编制工程养护维修计划（初步方案），工程养护维修计划（初步方案）应根据相关定额编制，并按规定时间上报南京市水务局。

1.3　对涉及工程结构安全、专业性较强、技术要求高的维修项目，需委托具有相应设计资质的单位参与或承担初步方案、实施方案的编制，并组织专家审查。

1.4　工程养护维修计划下达后 1 个月内，处工程管理科需根据下达计划完成实施方案（含经费预算）的编制。其中，项目计划资金在 50 万元以下（含 50 万元）的项目，由管理处组织审批；项目计划资金在 50 万元以上（不含 50 万元），需报市水务局审批。

1.5　实施方案审批后应及时组织项目实施，凡影响安全度汛的项目应在汛前完成；应该当年完成由于特殊原因需要跨年完成项目，需要在年底前向市水务局提出延期书面申请，说明延期原因，列出完成计划。

1.6　工程养护维修项目实行项目负责人制度，根据批准的计划，并按照批准的实施方案组织实施，保质、保量、按时完成。

1.7　项目承担单位选择

（1）省级、市级下达的专项项目，达到招投标或政府采购标准，必须实行招投标或政府采购，选择具有资质的维修施工队伍，并按照基本建设程序加强项目管理。

（2）项目预算在 5000 元以下的，成立项目采购小组（2 人）进行采购，采购实行财务报账制，由项目具体经办人向管理处办公室财务报账。

（3）项目预算在 5000 元（含）至 5 万元的，需向社会上至少三家单位进行询价

117

江苏省水利工程维修项目管理卡

（　2019　年度）

项目名称：2019 年市三汊河河口闸管理处市级维修项目

批准文号：宁水运管〔2019〕448 号、宁财农〔2019〕211 号

批复经费：57.6 万元

项目负责人：陈伟

技术负责人：王珊

验收时间：2019.10.31

南京市三汊河河口闸管理处（盖章）

图 2-21　养护维修项目管理相关材料

八、防渗、排水设施及永久缝的维修养护

三汊河河口闸防渗设计：在闸底板的上游侧设置 6 m 深齿墙，在闸底板的下游侧和左右岸边墩侧布置搭接成壁搅拌桩，以形成围封式的防渗幕墙。永久缝主要包括闸身伸缩缝、铺盖伸缩缝、岸翼墙伸缩缝等。主要维修养护内容包括：疏通排水孔，及时填充伸缩缝填料。

九、土工建筑物的维修养护

三汊河河口闸土工建筑物养护内容主要包括下关大桥至下游拦河索区间的河道及左、右岸堤防堤顶、堤坡、上游护坡。主要维修养护内容包括：及时处理雨淋沟、塌陷、表面缺陷，保持堤防完整、安全和正常运用；定期修整草皮，清除杂草杂物，保持管理范围内整洁美观；每年汛前汛后进行一次河床断面测量，及时分析水闸上下游河床冲刷和淤积情况。

图 2-22　高压水枪清洗爬梯图

十、闸门维修养护

三汊河河口闸工程包括 2 扇大闸门和 12 扇小闸门，大闸门为双孔护镜门、半圆形三铰拱钢结构；小闸门位于护镜门的顶部，为可垂直升降的液压活动小门。主要维修养护内容包括：每年汛前开展一次闸门养护工作，对闸门表面进行清洁，检查支铰表面是否有损伤，对锈蚀部分进行除锈防腐；平时对闸门进行一般性维护，每月一次；汛期大闸门开启后安排专业清洗队伍对闸门进行彻底清洁；冰冻期间，严格按照工程管理办法要求落实防冻措施，维护闸门安全运行。2019 年，管理处委托专业施工单位对闸门表面进行油漆防腐出新。

十一、启闭机的维修养护

三汊河河口闸工程包括 4 台盘香式启闭机和 12 台液压启闭机。

盘香式启闭机主要维修养护内容包括：清洁启闭机机体、启闭机房；润滑开式大齿轮、连接结构等润滑处及摩擦表面；检查减速箱油位油质；调整使闸门开门准确、制动可靠、操作灵活；保持锁定装置水平、垂直位移操作灵活；汛前、汛期大闸门开启期间分别对钢丝绳水上、水下部分进行全面清洗保养、重新涂抹防水油脂。

液压启闭机主要维修养护内容包括：清洗液压动力设备和油管表面灰尘、油污；紧固管路连接处和端子排螺丝螺母；油路渗漏处理，及时补充液压油；线路防老化及转动部位润滑；活塞杆外露部位的软防尘装置检查和清洁；液压油过滤、检测。

十二、机电设备及防雷设施的维修养护

三汊河河口闸工程机电设备及防雷设施主要包括电动机 16 台、PLC 柜 5 台、变压器 1 台、高压开关柜 1 台、低压开关柜 16 台、柴油发电机组1 台套以及闸门自动监控系统和景观照明系统等。主要维修养护内容包括：每年汛前对电动机、控制柜、配电柜、变压器、避雷器、柴油发电机等进行检查和养护维修、预防性试验。经常对 PLC 柜和闸门自动监控系统进行维护，保持柜内整洁，各种开关、继电保护装置运行可靠，触点良好、接头牢固，限位装置定位准确可靠。每月对柴油发电机进行试机，确保备用电源可靠运行。定期检查各种电力线路、电缆线路，无漏电、短路、断路、虚连等现象，各类线路畅通，无安全隐患。每年汛前均对防雷设施进行检测。

十三、控制运用

三汊河河口闸主要功能是非汛期关闸蓄水，抬高外秦淮河水位，改善城市河道景观；汛期则开闸行洪。

依据水利部《水闸技术管理规程》(SL75—2014)、《水闸运行规程》(DB32/T 1595—2010)、《水闸工程管理规程》(DB32/T3259—2017)，结合工程实际情况，管理处制定了《南京市三汊河河口闸工程控制运用(细则)》，用以指导规范三汊河河口闸工程的调度管理、控制运用、设备操作等。2019 年

10 月，市水务局发文批复。

管理处水闸工程调度指令、闸门操作命令票等调度资料齐全，运行记录齐全，记录资料完整、规范、准确。见图 2-23。

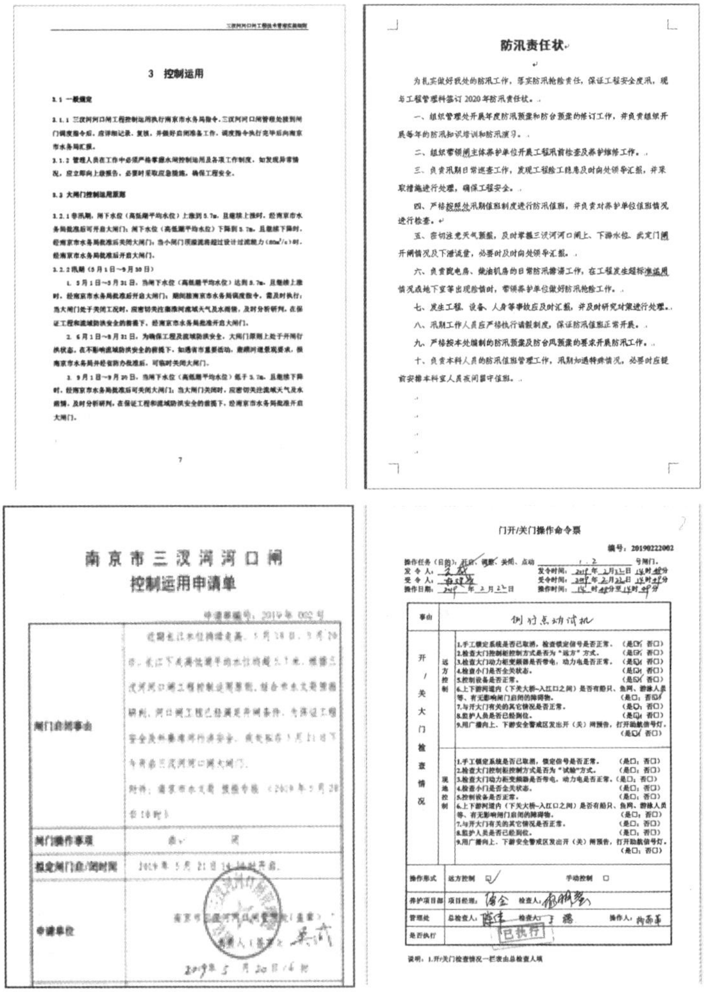

3 控制运用

3.1 一般规定

3.1.1 三汊河河口闸工程控制运用执行南京市水务局指令。三汊河河口闸管理处接到闸门调度指令后，应详细记录、复核，并做好启闭准备工作，调度指令执行完毕后向南京市水务局汇报。

3.1.2 管理人员在工作中必须严格掌握水闸控制运用及各项工作制度，如发现异常情况，应立即向上级报告，必要时采取应急措施，确保工程安全。

3.2 大闸门控制运用原则

3.2.1 非汛期，闸下水位（高低潮平均水位）上涨到 5.7m，且继续上涨时，经南京市水务局批准后可开启大闸门；闸下水位（高低潮平均水位）下降到 5.7m，且继续下降时，经南京市水务局批准后关闭大闸门；当小闸门泄流流量将超过设计过流能力（80m³/s）时，经南京市水务局批准后开启大闸门。

3.2.2 汛期（5 月 1 日～9 月 30 日）

1. 5 月 1 日～5 月 31 日，当闸下水位（高低潮平均水位）达到 5.7m，且继续上涨时，经南京市水务局批准后开启大闸门；期间按南京市水务局调度指令，需及时执行；当大闸门处于关闭工况时，应密切关注秦淮河流域天气及水雨情，及时分析研判，在保证工程和流域防洪安全的前提下，经南京市水务局批准开启大闸门。

2. 6 月 1 日～8 月 31 日，为确保工程及流域防洪安全，大闸门原则上处于开闸行洪状态，在不影响流域防洪安全的前提下，如遇省市重要活动，秦淮河通景观要求，报南京市水务局并经省防办批准后，可临时关闭大闸门。

3. 9 月 1 日～9 月 30 日，当闸下水位（高低潮平均水位）低于 5.7m，且继续下降时，经南京市水务局批准后可关闭大闸门；当大闸门关闭时，应密切关注流域天气及水雨情，及时分析研判，在保证工程和流域防洪安全的前提下，经南京市水务局批准开启大闸门。

7

防汛责任状

为扎实做好我处的防汛工作，落实防汛抢险责任，保证工程安全度汛，现与工程管理科签订 2020 年防汛责任状。

一、组织管理处开展年度防汛预案和防台预案的修订工作，并负责组织开展每年的防汛知识培训和防汛演习。

二、组织带领闸主体养护单位开展工程汛前检查及养护维修工作。

三、负责汛期日常巡查工作，发现工程险工隐患及时向处领导汇报，并采取措施进行处理，确保工程安全。

四、严格按照处汛期值班制度进行防汛值班，并负责对养护单位值班情况进行检查。

五、密切注意天气预报，及时掌握三汊河河口闸上、下游水位、武定门闸开闸情况及下泄流量，必要时及时向处领导汇报。

六、负责配电房、柴油机房的日常防汛排涝工作，在工程发生超标准运用情况或地下室等出现险情时，带领养护单位做好防汛抢险工作。

七、发生工程、设备、人身等事故应及时汇报，并及时研究对策进行处理。

八、汛期工作人员应严格执行请假制度，保证防汛值班正常开展。

九、严格按本处编制的防汛预案及防台风预案的要求开展防汛工作。

十、负责本科人员的防汛值班管理工作，汛期如遇特殊情况，必要时应提前安排本科室人员夜间留守值班。

南京市三汊河河口闸

控制运用申请单

申请单编号：2019 年 002 号

闸门启闭事由	[illegible]
闸门操作事项	[illegible]
拟定闸门启/闭时间	2019 年 5 月 21 日 14 [illegible]
申请单位	[illegible] 2019 年 5 月 20 日 16 时

门开/关门操作命令票

编号：20190222002

操作任务（目的）：开启、调整、关闭、点动 1、2 号闸门。

发令人：[illegible]　发令时间：2019 年 2 月 22 日 14 时 48 分

受令人：[illegible]　受令时间：2019 年 2 月 22 日 14 时 49 分

操作日期：2019 年 2 月 22 日　操作时间：14 时 49 分至 14 时 49 分

事由		例行点动试机
开/关大门检查情况	远方控制	1.手工锁定系统是否已取消，检查锁定信号是否正常。（是☑；否□） 2.检查大门控制柜控制方式是否为"远方"方式。（是☑；否□） 3.检查大门动力柜变频器是否带电，动力电是否正常。（是☑；否□） 4.检查小门是否全关状态。（是☑；否□） 5.控制设备是否正常。（是☑；否□） 6.上下游河道内（下关大桥~入江口之间）是否有船只、鱼网、游泳人员等、有无影响闸门启闭的障碍物。（是□；否☑） 7.与开大门有关的其它情况是否正常。（是☑；否□） 8.监护人员是否已经到位。（是☑；否□） 9.用广播向上、下游安全警戒区发出开（关）闸预告，打开助航信号灯。（是☑；否□）
	现地控制	1.手工锁定系统是否已取消，锁定信号是否正常。（是□；否□） 2.检查大门控制柜控制方式是否为"试验"方式。（是□；否□） 3.检查大门动力柜变频器是否带电，动力电是否正常。（是□；否□） 4.检查小门是否全关状态。（是□；否□） 5.控制设备是否正常。（是□；否□） 6.上下游河道内（下关大桥~入江口之间）是否有船只、鱼网、游泳人员等、有无影响闸门启闭的障碍物。（是□；否□） 7.与开大门有关的其它情况是否正常。（是□；否□） 8.监护人员是否已经到位。（是□；否□） 9.用广播向上、下游安全警戒区发出开（关）闸预告，打开助航信号灯。（是□；否□）
操作形式	远方控制 ☑	手动控制 □
养护项目部	项目经理：[illegible]	检查人：[illegible]
管理处	总检查人：[illegible]　检查人：[illegible]	操作人：[illegible]
是否执行	已执行	

说明：1.开/关门检查情况一栏改由总检查人填

图 2-23　控制运行记录

十四、管理现代化

三汊河河口闸工程建成于 2005 年 10 月，设计理念新，新技术、新工艺多,2006 年投入使用时即有大小闸门远程自动化控制系统、闸上下游水位自动监测记录系统、主要部位视频监控系统、工程自动化观测系统、水闸及闸区景观照明系统等现代化管理技术手段。见图 2-24、图 2-25。

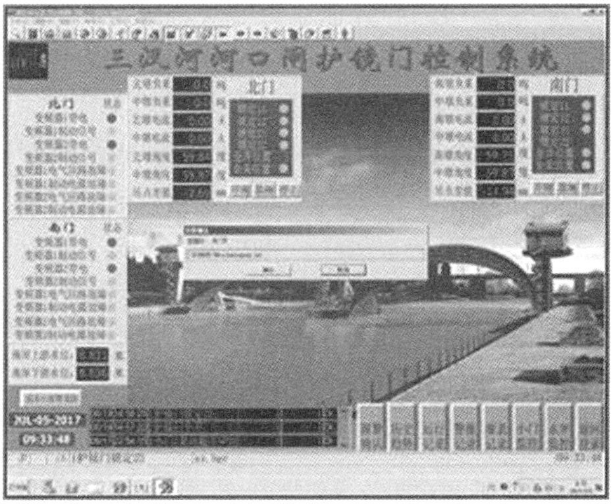

图 2-24　闸门监控系统界面图

图 2-25　视频监控系统图

2009 年,建成文档一体化管理系统,并通过该系统和市水务局、市防办实现了水情等信息互通,并相继建成财务电算化系统、档案管理系统等。

2015 年以来，管理处逐步推进单位现代化建设。一是利用管理处信息管理系统，提升单位管理效能；二是开展工程设备更新改造，完成中控室、一楼大厅大屏幕的更新改造，完成闸门控制系统设备更新改造，完成管理处视频监视系统数字化改造；三是积极开展科研项目，研究课题“南京市三汊河河口闸单孔泄流安全性研究”通过市局专家验收，在现行条件下论证河口闸实施单孔开启运行的可行性。在规划实施中，全面加快管理处信息化建设步伐。

管理处注重各系统及设施的检查维护，系统操作权限明确，各执行元件动作可靠，各项测量数据准确可靠，各种统计报表完整，设备运行可靠。现代化手段的运用，促进了工程效益的发挥。

2020 年 11 月，管理处编制了《南京市三汊河河口闸管理处管理现代化发展规划及实施计划(2021—2025 年)》，争取到 2025 年，管理处基本建成现代化的水利工程管理服务体系，工程设施完善，环境优美，运行安全可靠，管理精细规范，信息化程度高，巩固国家级水利管理单位、水利安全生产标准化一级单位、精细化管理单位等成果。

第三章　南京市三汊河河口闸管理处安全生产标准化建设案例

本章对南京市三汊河河口闸管理处开展安全生产标准化的经验和做法进行适当总结，以期对更多水利运行管理单位开展安全生产标准化建设提供借鉴。水利运行管理单位应结合自身的实际情况，在借鉴过程中切忌生搬硬套。

第一节　成立安全生产标准化创建工作小组

南京市三汊河河口闸管理处领导班子高度重视安全生产标准化建设工作，为加强领导，成立了安全生产标准化创建工作小组（见图 3-1）。管理处主任任组长、分管副主任任副组长，成员包括办公室主任、工程管理科科长、安全员、养护项目部项目经理等人。领导小组下设办公室，具体负责安全生产标准化建设的组织协调工作，办公室主任由工程管理科科长兼任。同时，管理处根据咨询机构的建议，结合自身安全生产标准化建设工作中安全生产规章制度编写、修改工作量较大的特点，专门成立安全生产规章制度编写工作小组。

关于成立单位水利安全生产标准化一级创建工作小组的通知

各科、各养护项目部：

为加强单位安全生产工作，规范内部管理，扎实推进我处水利安全生产标准化一级创建工作，现结合我处工作实际，成立处水利安全生产标准化一级创建工作小组。其组成成员如下：

组　长：×××

副组长：×××

成　员：×××、×××、×××、×××、×××、×××

工作小组下设办公室，办公室设在处工管科，负责处水利安全生产标准化一级创建日常工作。办公室主任由×××兼任，联络人为×××。

特此通知。

南京市三汊河河口闸管理处

2019年1月3日

图 3-1　管理处安全生产标准化创建工作小组成立通知

第二节　开展初始状态评审

南京市三汊河河口闸管理处为了安全生产标准化建设工作高效有序展开，认真开展初始状态评审工作。管理处成立初始状态评审小组，邀请咨询服务机构专家参与，对管理处安全生产现状进行全面系统梳理，制订南京市三汊河河口闸管理处安全生产标准化建设工作初始状态评审计划，评审结束后形成《南京市三汊河河口闸管理处安全生产标准化初始状态评审报告》，对安全生产管理现状及存在问题进行统计（见表 3-1）。

一、安全生产管理现状

（1）目标职责方面：每年制订安全生产年度目标计划；各部门每年签订安全生产责任状；机构组织完善，定期召开安全生产会议；安全生产月活动较丰富。

表 3-1　安全生产管理现状及存在的问题

评审项目		管理现状	存在的问题
一、目标	(1) 安全生产目标管理制度应明确目标的制定、分解、实施、检查、考核等内容	有《安全生产目标管理制度》《安全生产考核奖惩管理办法》	部分内容需修订完善
	(2) 制定安全生产总目标和年度目标，应包括安全生产事故控制、安全生产事故隐患排查治理、职业健康、安全生产管理等目标	有安全生产年度目标计划	无安全生产中长期规划，年度安全工作计划不详细，指标未量化具体
	(3) 根据部门和所属单位在安全生产中的职能，分解安全生产总目标和年度目标	暂未开展相关工作	未分解安全生产总目标和年度目标
	(4) 逐级签订安全生产责任书，并制定目标保证措施	各部门签订安全生产责任状	安全生产责任状未签订到个人；责任状内容不够完善
	(5) 定期对安全生产目标完成情况进行检查、评估，必要时及时调整安全生产目标实施计划	暂未开展相关工作	未定期对安全生产目标完成情况进行检查、评估
	(6) 定期对安全生产目标完成情况进行考核奖惩	暂未开展相关工作	未定期进行考核奖惩
二、机构和职责	(1) 成立由主要负责人、其他领导班子成员、有关部门负责人等组成的安全生产委员会(安全生产领导小组)，人员变化时及时调整发布	建立安全生产领导小组，安全生产组织机构健全	
	(2) 按规定设置或明确安全生产管理机构	暂未开展相关工作	未明确安全生产管理机构

表 3-1(续)

评审项目		管理现状	存在的问题
二、机构和职责	(3) 按规定配备专(兼)职安全生产管理人员,建立健全安全生产管理网络	有 3 名专(兼)职安全生产管理人员,有网络图	
	(4) 安全生产责任制度应明确各级单位、部门及人员的安全生产职责、权限和考核奖惩等内容。主要负责人全面负责安全生产工作,并履行相应责任和义务;分管负责人应对各自职责范围内的安全生产工作负责;各级管理人员应按照安全生产责任制的相关要求,履行其安全生产职责	有安全生产责任制	部分内容需修订完善
	(5) 安全生产委员会(安全生产领导小组)每季度至少召开一次会议,跟踪落实上次会议要求,总结分析本单位的安全生产情况,评估本单位存在的风险,研究解决安全生产工作中的重大问题,并形成会议纪要	定期召开安全生产工作会议	安全生产会议内容不全面,未形成会议纪要

(2) 制度化管理方面:已有安全生产管理制度及操作规程 46 项,文件管理及记录管理执行到位。

(3) 教育培训方面:有安全生产教育培训管理制度、培训计划、培训记录、考核评估,特殊工种证件齐全。

(4) 现场管理方面:设施设备的日常巡视记录、经常检查记录、定期检查记录等相关检查记录齐全,每年制订检修计划,相关记录齐全,作业行为规范,有过程记录,职工按规定配备劳动防护用品和防护措施,安全警示标志较齐全。

（5）安全风险管控及隐患排查治理方面：有重大危险源管理制度、隐患排查治理制度，按照要求开展隐患排查工作，有隐患排查记录、及时验收，在接到自然灾害预报时，及时发出预警信息。

（6）应急管理方面：有应急工作体系，成立领导小组，相应工作机构齐全，有应急救援预案和队伍，储备应急物资，开展防汛及消防应急演练。

（7）事故管理方面：有事故报告、调查和处理制度，未发生事故。

（8）持续改进方面：有安全生产标准化绩效评定制度，定期向市局汇报安全生产工作。

二、安全生产存在的问题

（1）目标职责方面：无安全生产中长期规划，年度安全工作计划不详细，指标未量化具体，安全生产责任状未签订到个人；责任状内容不够完善，安全生产责任制需修订完善，未建立激励约束机制，无安全文化建设规划和计划。

（2）制度化管理方面：未进行法律法规识别，部分管理制度欠缺，制度及操作规程的发放和培训需加强。

（3）教育培训方面：各级管理人员未经有关部门考核合格，未进行在岗人员教育培训学时统计，未对外来参观学习人员进行安全教育培训。

（4）现场管理方面：少部分运行记录填写不规范，需完善安全监督等相关记录，未在醒目位置设置公告栏，未公布有关职业病防治的规章制度、操作规程、职业病危害事故应急救援措施和工作场所职业病危害因素监测结果，无标志检查维护记录。

（5）安全风险管控及隐患排查治理方面：未开展安全风险辨识，需完善隐患排查方案及过程记录，完善隐患分析评价内容，完善登记台账、档案。

（6）应急管理方面：应急预案内容需修订完善，未编制应急处置卡，应急预案未报有关部门备案，未进行应急准备工作的总结评估。

（7）事故管理方面：事故报告、调查和处理制度部分内容需修订完善。

（8）持续改进方面：未组织绩效评定，未公示安全生产情况。

第三节　制定建设工作实施方案

南京市三汊河河口闸管理处根据初始状态评审的结果，结合水利安全生产标准化建设要求制定了《南京市三汊河河口闸管理处安全生产标准化建设工作实施方案》（见附件一），进一步明确了安全生产标准化建设工作的总体要求、工作目标、工作内容、工作步骤，并根据管理处实际情况对建设工作任务进行了分解。

一、总体要求

坚持"安全第一、预防为主、综合治理"的方针，进一步强化红线意识，落实安全生产主体责任，在进行充分调研的基础上，对照《水利工程管理单位安全生产标准化评审标准》开展安全生产标准化建设工作，以实现全处安全管理的规范化、科学化、系统化和法治化，并逐步建立自我约束、自我完善、持续改进的安全生产工作机制。

二、工作目标

在全处原有水利工程管理体系的基础上，进一步深入持久开展安全生产标准化建设活动，进一步落实管理处安全生产责任制，强化职工安全教育，完善管理处安全规章制度，加强事故隐患排查治理，全面提升安全生产水平，夯实安全管理基础。

三、工作内容

遵循"计划、实施、检查、处理"（PDCA）动态循环的模式，长期坚持，不断实施、检查、总结和提高。明确安全生产标准化建设工作目标，分解落实安全生产标准化工作责任，建立管理处安全生产标准化工作网络，夯实基础工作，完善安全生产标准化建设考核机制。

四、工作步骤

（1）准备阶段。

准备阶段的工作包括开展调研，选择、确定评价机构，成立创建工作领导小组，启动水利工程管理单位安全生产标准化建设程序，召开创建工作动员会，聘请专家进行安全生产标准化达标建设培训，明确人员工作任务与目标职责，明确各科室、各养护项目部、各相关人员在安全生产标准化创建过程中的各项职责，参加水利工程管理单位安全生产生产标准化业务培训等方面。

（2）初始状态评审阶段。

该阶段工作包括评审准备阶段工作和指导编制初始状态评审报告。评审小组编制初始状态评审报告，初始状态评审报告要符合安全生产标准化建设的要求。初始状态评审报告包括以下几个方面：管理处基本情况，评审的目的、范围、时间、人员分工，评审的程序、方法、过程，管理处现行安全生产管理状况、法律法规的遵守情况，以往事故分析、急需解决的优先项、对安全生产标准化建设工作的建议等。

（3）宣传培训。

应确保全员参与，各科室务必高度重视，组织开展好宣传动员工作。

（4）制度建设。

修订完善管理处的各项安全管理制度、安全操作规程、应急预案等，使其符合安全生产标准化考核要求，并严格贯彻执行，保障工程运行安全。

（5）实施运行及整改。

管理处安全生产标准化创建办公室定期召开督查会议，及时发现和处理实施标准化建设过程中遇到的各种问题，有效促进安全生产标准化建设的进度和效果。各科室、各养护项目部根据管理处安全生产标准化方案内容，结合自身实际，规划时间进度，并按照时间进度依据《水利工程管理单位安全生产标准化评审标准》的具体内容逐步逐条实施。

（6）自查自评。

由管理处安全生产领导小组组织相关人员，对照《水利工程管理单位安全生产标准化评审标准》进行自我评审工作，根据评审情况，落实整改、持续改进、不断提高。形成自评报告，报市水务局、省水利厅批准，向水利部提出评审申请。

(7) 迎接评审。

(8) 对评审中提出的问题和隐患进行整改，对安全生产标准化建设工作进行总结。

第四节　大力开展教育宣传

为顺利推进安全生产标准化建设，南京市三汊河河口闸管理处精心组织相关培训，提高员工的参与意识，帮助员工掌握安全生产标准化相关知识。根据安全生产标准化建设的不同人员、不同阶段的要求，管理处先后组织多种类型的培训，包括：① 评审标准培训；② 安全生产相关法律、法规和标准知识培训；③ 文件编写培训、流程图绘制培训；④ 危险源辨识、评价知识培训；⑤ 应急预案编写及演练知识培训；⑥ 安全生产规章制度实施培训；⑦ 自主评定知识培训等。

安全生产标准化建设涉及管理处每个生产环节和每个工作岗位，全员参与是其基本要求。南京市三汊河河口闸管理处为了创造良好的舆论氛围和工作氛围、调动全员积极性，围绕安全生产标准化建设工作进行了主题宣传，印发了安全生产标准化知识小册子，同时运用管理处公告栏及大厅展示屏等开展宣传，使全体人员了解安全生产标准化建设的目的、意义、作用和要求。管理处安全生产标准化建设年度安全类教育培训计划见表 3-2，培训资料及图片见图 3-2、图 3-3。

表 3-2 年度安全类教育培训计划

序号	培训内容	授课人/组织人	参会人员	学时	培训时间
1	江苏省水利工程建设安全生产标准化及常见隐患突击培训	分管副主任/工管科科长	工管科、闸主体及六闸项目部	2	3月
2	安全操作规程汇编培训	分管副主任/工管科科长	工管科、闸主体及六闸项目部	2	4月
3	防汛抢险知识培训(防汛抢险知识测试)及防汛抢险演练	分管副主任/工管科科长	全处、各养护项目部主要负责人及相关技术人员	半天	4月
4	水闸工程运行危险源辨识与风险评价导则培训	外聘专家	全处及3个项目部	半天	5月
5	安全生产月培训及安全知识考试	分管副主任/工管科科长	工管科、办公室及3个项目部	2	6月
6	现场应急处置方案学习、演练;《南京市水务局生产安全事故应急预案》培训学习	分管副主任/工管科科长	工管科、办公室及3个项目部	半天	7月
7	《水利安全生产信息报告和处置规则》	分管副主任/工管科科长	工管科、综合科及闸主体、六闸项目部	2	10月
8	河口闸工程供配电系统安全使用知识学习	工管科科长/工管科科长	工管科	2	12月

2021 年三汊河河口闸管理处防汛培训方案

一、目的

为了扎实开展好今年的防汛工作，明确防汛人员岗位职责，切实提高防汛人员责任意识，提高防汛和防台风技术水平，切实保证管理处全年安全运行。

二、培训方式

采取讲座和知识测试的方式。

三、培训时间和地点

2021 年 4 月 12 日上午 10:00，南京市三汊河河口闸管理处大会议室

四、培训对象

管理处全体职工和各项目部值班人员

五、培训内容

1. 汛期值班工作要点
2. 三汊河河口闸管理处汛期值班方案
3. 汛期值班制度及岗位职责
4. 2021 年度南京市三汊河河口闸管理处防汛预案
5. 2021 年度南京市三汊河河口闸管理处防御台风预案

六、考核

培训结束后，将进行防汛抢险知识测试。

南京市三汊河河口闸管理处

关于组织开展 2021 年汛前培训及防汛知识测试的通知

各位领导、同事：

根据处年度培训计划安排，需要在汛前完成汛期知识培训。经研究，管理处决定 4 月 12 日 9：30 在管理处二楼会议室举行汛前培训及防汛知识测试，请全体人员参加，各项目部负责人及值班人员参加。

特此通知。

南京市三汊河河口闸管理处

2021 年 4 月 9 日

抄送：

南京市三汊河河口闸管理处 2021 年 4 月 9 日印发

共印 1 份

培训现场照片

图 1 2021 年防汛工作培训-1

图 2 2021 年防汛工作培训-2

签到表

培训内容	2021年防汛知识培训		
时间	2021. 4.12	地点	大会议室
序号	姓名	部门/职务	备注
1	吴成		
2	杨建堂		
3	王璐	工管科	
4	[illegible]	网络信息科	
5	[illegible]	办公室	
6	[illegible]		
7	[illegible]	工管科	
8	[illegible]		
9	张润楠	办公室	
10	[illegible]	办公室	
11	[illegible]	办公室	
12	[illegible]	网络信息科	
13	[illegible]	网络信息科	
14	马[illegible]	网络信息科	

图 3-2 培训资料及图片

南京市三汊河河口闸管理处

关于组织开展2021年汛前培训及防汛知识测试的通知

各位领导、同事：

根据处年度培训计划安排，需要在汛前完成汛期知识培训。经研究，管理处决定4月12日9：30在管理处二楼会议室举行汛前培训及防汛知识测试，请全体人员参加，各项目部负责人及值班人员参加。

特此通知。

南京市三汊河河口闸管理处

2021年4月9日

抄送：

南京市三汊河河口闸管理处　　2021年4月9日印发

共印1份

培训实施记录表

单位（科室）：南京市三汊河河口闸管理处

培训主题	2021年度防汛工作培训		主讲人	杨建贵	
培训地点	二楼会议室	培训时间	2021.4.12	培训学时	2
参加人员	管理处全体职工和项目部				
培训内容	市三汊河河口闸管理处防汛知识培训主要包括：汛期值班工作要点，汛期值班方案，汛期值班制度和岗位职责，2021年管理处防汛预案等 记录人：				
培训评估方式	☑考试 □实际操作 □事后检查 □课堂评价				
培训效果评估及改进意见	各岗位工作人员，结合自己的工作实际，有效掌握三汊河河口闸管理处防汛知识要点，同时希望与会人员继续加强学习。 评估人：　　21年4月12日				

培训效果反馈表

部门/单位	南京市三汊河河口闸管理处	培训时间	2021.4.12	
地点	二楼会议室	主讲人	杨建贵	
培训内容	2021年度防汛工作培训			
1、学员培训中的有无迟到、早退现象	□有		☑无	
2、培训中学员的态度	□非常满意	☑满意	□一般	□差
3、培训中学员的互动情况	□非常满意	☑满意	□一般	□差
4、学员对培训项目的反映情况	□非常满意	☑满意	□一般	□差
5、学员是否学习到培训中所学的技能	☑是	□否	□其它	
6、学员工作技能是否有所提高	☑是	□否	□其它	
7、学员技能提高与培训是否有关	☑是	□否	□其它	
8、学员工作是否有创新	□是	□否	☑其它	
9、结合培训目标是否达到培训期望得到的效果	☑是	□否	□其它	
对本次培训的意见和建议或希望培训的内容				

图3-3　培训资料

第五节　系统进行管理文件制定(修订)

一、对规章制度评审处置

南京市三汊河河口闸管理处根据安全生产标准化建设工作的需要,在初始状态评审中对适用于本处的法律法规、技术标准、规章制度、操作规程等进行了梳理。梳理文件时依据单位实际,采取横到边、纵到底的方式,对其适用性进行评审,提出处置意见,具体包括:① 对于完全适用的文件予以保持或者编辑性修改;② 对于部分适用的文件予以修订;③ 对于已经完全不适用的文件予以作废;④ 对于需要分拆的文件改编成多个文件;⑤ 对于针对同一事项作出规定的类似文件予以整合简化;⑥ 对于没有规定的事项新编文件予以规范。

经过系统梳理,形成安全生产法律法规、标准规范、规章制度、操作规程执行情况定期评估、更新、修订记录表(见图 3-4)。

二、制定(修订)文件清单

南京市三汊河河口闸管理处在安全生产标准化文件评审的基础上进一步确定安全生产标准化制定(修订)文件清单(见表 3-3)。安全生产标准化制定(修订)文件清单,涉及范围包括:① 安全生产目标、责任制;② 安全生产制度;③ 安全操作规程;④ 施工组织设计、专项施工方案、专项安全技术措施(根据工程项目特点,适时按相关要求进行);⑤ 综合应急预案、专项应急预案、现场处置方案;等等。

<table>
<tr><td>评估主持人</td><td>吴威</td><td>职　务</td><td>处主任</td></tr>
<tr><td>评估日期</td><td>2020.01</td><td>地　点</td><td>二楼会议室</td></tr>
<tr><td colspan="4">评估概况：
为保证法律法规、标准规范、规章制度、操作流程的有效性，管理处于 2020 年 1 月 8 日对我处现有的规章制度、操作流程进行了评估。
我处共有规章制度 53 项，操作流程 17 项。经评估我处规章制度及操作流程满足国家法律法规、标准规范的需要且有效，满足本处安全生产工作需要。</td></tr>
<tr><td colspan="4">拟更新、修订理由及更新、修订内容：
我处拟在 3 月对适用的法律法规、标准规范进行重新识别，并对更新后的清单进行发布，保证其有效性。</td></tr>
<tr><td colspan="4">参加评估人员签名：</td></tr>
</table>

图 3-4　安全生产法律法规、标准规范、规章制度、操作规程执行情况定期评估、更新、修订记录

表 3-3　安全生产标准化制定(修订)文件清单

一级分类号	二级分类号	规章制度名称	覆盖的标准条款内容
01 目标	01 目标	01 安全生产目标管理制度	(1)目标的制定
			(2)目标的控制
			(3)目标的监督考核
02 组织机构和职责	01 组织机构和职责	01 安全生产领导小组工作制度	(1) 安全生产领导小组
		02 安全工作例会制度	(1) 安全生产保证体系
			(2) 安全生产监督体系
		03 安全检查制度	
		04 安全生产责任制度	安全职责
		05 安全生产承诺制度	
		06 领导干部安全生产现场带班制度	
03 安全生产投入	01 安全生产投入	01 安全生产投入保障制度	(1) 费用管理
			(2) 费用使用
……	……	……	……
08 绩效评定和持续改进	01 绩效评定和持续改进	01 安全绩效评定和持续改进管理制度	(1) 绩效评定
			(2) 持续改进
		02 安全考核制度	附录
		03 安全生产风险抵押金制度	
		04 安全生产举报制度	

三、编制文件制定(修订)计划表,落实责任部门和人员

南京市三汊河河口闸管理处在确定安全生产标准化制定(修订)文件清单之后,进一步编制安全生产标准化文件制定(修订)计划表(见表3-4),对文件制定(修订)任务进行安排。

表3-4　文件制定(修订)计划表

序号	文件名称	编制方式	部门	参与人	责任人	完成时间
1	安全生产总目标	新编	安全生产领导小组			
2	安全生产隐患治理目标	新编	安全生产领导小组			
3	安全生产例会制度	修订	安全生产领导小组			
4	主要负责人安全责任制	修订	安全生产领导小组			
5	工程管理科安全责任制	修订	安全生产领导小组			
6	办公室安全责任制	修订	安全生产领导小组			
7	应急管理制度	新编	安全生产领导小组			
8	档案管理制度	修订	办公室			
9	安全教育培训管理制度	修订	办公室			
10	挖土机安全操作规程	新编	工管科			
11	起重机安全操作规程	新编	工管科			
12	相关方安全管理制度	新编	工管科			
13	综合应急预案	新编	安全生产领导小组			
14	交通安全应急预案	修订	安全生产领导小组			
15	台风应急预案	修订	安全生产领导小组			
16	职业健康安全管理制度	修订	安全生产领导小组			
17	高处坠落伤亡事故处置方案	新编	安全生产领导小组			
18	机械伤害伤亡事故处置方案	新编	安全生产领导小组			

编制人：　　　　　　　　　　　　　　　　　　　　编制时间：

四、做好充分准备，为制定高质量的文件创造先决条件

（一）策划形成文件编写要点

在下达制定(修订)任务前，南京市三汊河河口闸管理处安全生产规章制度编写工作领导小组对其主要安全管理制度内容进行策划，明确制度归口部门，列出制度内容的编写要点。

（二）开展文件编写培训，掌握编写要求

南京市三汊河河口闸管理处适时组织举办"流程管理""事业单位标准编写""应急预案的编制"等专题培训。

通过流程管理知识的学习，文件编写人员具备通过梳理优化工作流程来理顺工作步骤、理清文件编写主线以及应用 Visio 软件绘制安全生产工作流程图的能力。

通过管理处标准编写知识的学习，文件编写人员清楚了标准制定程序，了解了标准文件的结构，理解了通用要素的编写要求，掌握了要素的表述及编写的规则，具备了应用 TCS 软件进行标准编写的能力。

通过"应急预案的编制"课程学习，文件编写人员系统地学习了生产经营单位生产安全事故应急预案编制导则，对管理处综合预案、专项应急预案和现场处置方案的编写要求及其相互之间的联系和差异有了清楚的认识。

在上述培训基础上，南京市三汊河河口闸管理处安全生产规章制度编写工作领导小组制定了安全生产规章制度、流程图和应急预案模版，对其结构和格式体例进行了统一规范。

（三）深入调研和广泛收集资料

南京市三汊河河口闸管理处安全生产规章制度编写工作领导小组要求每一位文件编写人员针对其承担的编制任务深入调研，掌握相关的工作流程和要求，以便编写时能结合实际，传承管理处的有效做法。同时，要求文件编写人员广泛收集编制主题的相关文件资料，以便在编写时能借鉴其他

单位的良好方法，实现管理水平的提升。

五、恪守文件编制流程，逐步推进文件编制工作

南京市三汊河河口闸管理处在规章制度制定时，执行了单位标准的编制流程（见图 3-5），应急预案文件的编写也参照该流程。

管理处文件编制客观严谨，数易其稿，编制程序规范严格。

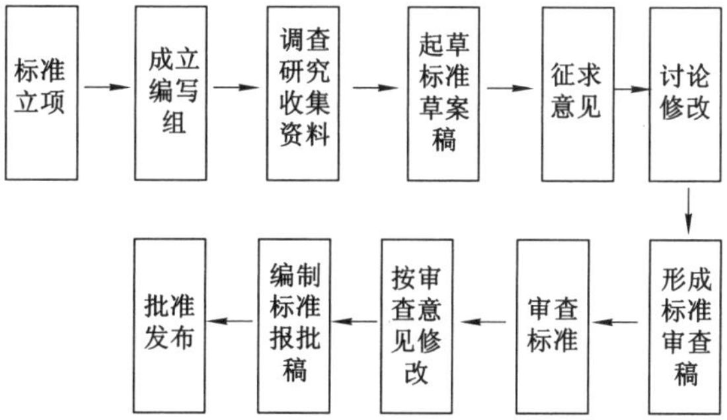

图 3-5　文件编制流程

六、征求意见及文件审查

在文件草案稿形成后，南京市三汊河河口闸管理处印发了草案稿，广泛征求意见。对征集到的各种意见，文件编写组进行系统汇总分析，作出采纳、部分采纳及不采纳（说明原因）的处置，并由相关编写人员对文件进行修改，形成送审稿，组织专家对文件进行审查。管理处采取会议审查和网上审两种文件审查方式，形成文件审查意见表备查存档。

七、制定（修订）文件阶段成果

南京市三汊河河口闸管理处通过几个月的文件清理、整顿修订及新编工作，于 2019 年 1 月完成了本次安全生产规章制度修订和新编工作，形成安全生产管理制度 53 项（见图 3-6）和操作规程 16 项（见图 3-7）。

本书附件二至附件五分别列出了安全教育培训管理制度、安全生产目标管理制度、触电事故现场应急处置方案和防汛专项应急预案 4 个示例供参考。

目　　录

1、安全生产领导小组工作规则......1
2、安全生产制度管理办法......10
3、安全生产目标管理制度......13
4、安全生产承诺制度......18
5、安全生产责任制......19
6、安全生产例会制度......29
7、安全生产投入管理制度......31
8、工伤保险管理制度......36
9、安全生产信息化管理制度......44
10、法律法规标准规范管理制度......45
11、文件管理制度......48
12、记录管理制度......59
13、安全生产档案管理制度......62
14、安全教育培训管理制度......70
15、新技术、新工艺、新材料、新设备管理制度......78
16、备用电源管理制度......80
17、建设项目安全设施“三同时”管理制度......83
18、检维修作业安全管理制度......87
19、安全设施管理制度......91
20、设备安全管理办法......95
21、设施设备报废管理制度......100
22、工程观测管理办法......104
23、工程运行调度管理制度......108
24、防洪度汛安全管理制度......109
25、度汛方案......111
26、工程维修养护项目管理制度......115
27、安全保卫管理制度......118
28、用电安全管理制度......120
29、临时用电管理制度......128
30、危险化学品管理制度......135
31、交通安全管理制度......137
32、消防安全管理规定......140
33、仓库安全管理制度......148
34、作业安全管理制度......151
35、特种作业人员管理制度......155
36、班组安全活动管理制度......158
37、相关方安全管理制度......159
38、职业健康安全管理制度......162
39、劳动防护用品管理制度......172
40、安全标志管理制度......176
41、工程检查、巡查巡检管理制度......181
42、作业安全变更管理制度......185
43、安全风险管理制度......188
44、生产安全事故隐患排查治理制度......193
45、安全生产预警预报和突发事件应急管理制度......201
46、重大危险源管理制度......206
47、安全事故应急救援制度......213
48、事故应急物资和装备管理制度......222
49、应急资金投入保障制度......225
50、生产安全事故报告和调查处理制度......227
51、安全生产考核奖惩管理办法......236
52、安全生产标准化绩效评定管理制度......239
53、安全生产报告制度......246

图 3-6　安全生产规章制度汇编目录

目　　录

大闸门远程控制操作规程......2
大闸门现地控制操作规程......4
小闸门远程控制操作规程......5
小闸门现地控制操作规程......6
河口闸视频硬盘录像机操作规程......7
控制室大屏幕操作规程......8
一楼大厅LED显示屏操作规程......9
配电房集水井自动控制系统操作规程......11
六闸联控控制系统操作规程......13
景观照明系统操作规程......15
中央空调操作规程......17
配电盘操作规程......18
电气设备安全操作规程......19
配电房安全操作规程......20
柴油发电机组操作规程......21
柴油发电机组安全操作规程......22

图 3-7　操作规程目录

八、文件发布

南京市三汊河河口闸管理处在编制（修订）好文件后，以正式文件发布实施，明确了实施时间和实施要求（见图 3-8）。

关于印发《安全生产制度汇编》的通知

各科、各养护项目部：

为促进我处安全生产管理工作，提高安全生产管理水平，完善安全生产管理制度，经安全生产领导小组研究通过，现将《安全生产制度汇编》印发给你们，请遵照执行。

特此通知！

附件：安全生产制度汇编

南京市三汊河河口闸管理处

2019 年 1 月 12 日

南京市三汊河河口闸管理处 2019 年 1 月 12 日印发

图 3-8　文件发布案例

管理处将这些新文件和标准及时下发到各部门、各项目部、各岗位，对已不适用的旧文件进行更换。管理处做到了保证有关部门、项目部持有本部门应执行的安全生产标准化文件。部分文件通过局域网发送，各有关部门或项目部都能在本部内网上查找到应执行的各类文件；纸质文本由各部门（单位）分别建立文件清单；全体员工都获得了与其岗位责任相对应的制度文件及相关操作规程文件。

第六节 实施运行

一、制度实施与跟进

（一）编制制度实施计划

在安全生产规章制度批准发布之后、开始实施之前，南京市三汊河河口闸管理处根据实施制度的具体范围及管理处的实际情况，由制度的归口部门分别制订相应制度的实施计划。

实施制度的计划内容主要包括：① 开始实施时间；② 实施制度的方式；③ 内容；④ 步骤；⑤ 负责人员；⑥ 应达到的要求等。

（二）开展制度实施的准备

南京市三汊河河口闸管理处安全生产标准化建设工作办公室负责组织协调，制度的归口部门负责组织开展实施制度的准备工作，包括以下内容。

(1) 宣传、讲解制度。管理处组织全体人员进行制度培训，由各项制度的归口部门在培训中宣讲相应制度的内容、实施中需要注意的事项和实施的难点，明确实施过程中相应的资料和记录（报告）的要求，以强化全体员工的安全意识和对安全生产标准化制度的重视程度。

(2) 进行技术准备。针对一些制度，管理处还进行了相应的技术准备工作，具体如下。

① 针对难以治理的安全生产隐患，组织技术攻关，并由管理处领导层介入协调解决治理过程中的困难。

② 针对危险源的辨识和评价，邀请咨询机构专家专题讲解危险源的辨识方法（交谈询问法、现场观察法、工作分析法、资料记录查阅法、安全检查表法等）和评价方法[安全检查（SR）与安全检查表分析（SCA）、预先危险分

析(PHA)、故障类型及影响分析(FMEA)、危险可操作性研究(HAZOP)、事件树分析(ETA)、事故树分析(FTA)、作业条件危险性评价法(LEC)、危险指数评价方法(RR)等],并对《水利水电工程施工重大危险源辨识与风险评价导则》进行解读。

(3) 进行物资准备,为实施制度提供必要的资源保障。管理处针对劳动防护用品管理制度、事故应急物资和装备管理制度的实施,在对安全防护设施配备情况普查摸底的基础上,集中采购,一次性配齐,在实施制度动态管理之前“还清旧账”。又如针对安全标志管理制度的实施,按相关标准制作并配置安全警示标志、标牌等。另外,在执行安全事故应急救援制度、职业健康安全管理制度的过程中,也进行了相应的应急物资、防护用品、急救药品和用品的准备。

(三) 严格规范制度实施

各部门(单位)和人员,按制度规定进行相关安全生产工作。管理处根据制度适用范围及工作任务的不同,灵活采用不同的方法,对实施过程中遇到的各种情况,有针对性地采取措施保证制度的落实,具体如下。

(1) 针对部分项目部安全技术措施与专项施工方案的编制时间短、任务重等情况,专门协调管理处技术力量予以支持,并将该做法在管理处内形成工作机制。

(2) 随着施工的进展,如何落实职业危害场所检测工作要求,成了一个难题。为此,管理处与具有检测资质的机构签订服务协议,由检测机构提供咨询和检测服务,合理确定检测点、检测项目和频次,做到既控制检测成本又能落实检测要求、保障员工健康。

(四) 制度实施的检查

管理处在制度实施后,由各制度归口部门组织开展多次检查工作以验证实施效果。检查主要包括两方面的内容。

(1) 对实施制度准备工作的检查。检查准备工作的进度和质量能否满足制度实施的要求,判断实施准备工作是否可以转入实施阶段。

(2) 对制度实施情况的检查,即对相关安全生产工作过程中的制度实施情况进行检查。

对于检查中发现的问题,由其制度归口部门督促实施制度的人员采取措施进行解决。如在检查中发现制度本身存在问题,制度归口部门应将问题记录下来待以后修订。

在实施制度的整个过程中,管理处反复进行多次检查,使制度得到了较全面、深入的贯彻。

(五) 制度实施的总结与改进

在制度实施一段时间后,管理处各制度归口部门对制度实施情况分别进行总结,特别是对存在的问题采取的措施及取得的效果进行分析和评价。总结工作对职责、方法、实施过程中遇到的问题和意见,对下一步实施工作的改进建议以及对制度的修改意见和建议等方面进行了分析。

在实施运行中,管理处安全生产标准化建设办公室组织各制度归口部门成立多个工作组,进行督促、指导、检查,对制度实施的重点部门、单位(项目部)和环节进行联系、指导,分头到各相关单位、部门、项目部开展情况交流、经验分享,以推动制度的全面实施。

管理处安全生产标准化文件经过一段时间的实施后,逐步形成了较完整规范的安全生产工作资料。在实施运行过程中,管理处各制度归口部门及时收集各单位、部门的反馈信息,对安全生产标准化文件进一步修改完善。管理处对安全生产标准化建设中的各项管理文件及记录进行有效的管控,使安全生产标准化建设成果以信息化的方式得到了进一步巩固。

二、隐患排查与治理

《安全生产事故隐患排查治理暂行规定》指出,安全生产事故隐患是指生产经营单位违反安全生产法律、法规、规章、标准、规程和安全生产管理制度的规定,或者因其他因素在生产经营活动中存在可能导致事故发生的物的危险状态、人的不安全行为和管理上的缺陷。

生产经营单位要建立完善隐患排查治理制度,按规定开展事故隐患排查和治理工作，要建立事故隐患排查报告和举报奖励制度，鼓励广大职工积极参与事故隐患排查。对于一般事故隐患，应当立即组织整改，并对整改情况进行复查；对于重大事故隐患，要制定治理方案，按规定审批后落实，要对治理情况进行验证和效果评估。生产经营单位要定期对隐患排查治理情况进行统计分析并上报，加强预测预警，建立预测预警体系。

隐患排查是安全管理工作的重要内容，如果不能对存在的隐患特别是重大事故隐患进行有效的排查和治理，极有可能导致事故发生。

管理处出台了生产安全事故隐患排查治理制度（见附件六），明确了隐患排查的组织方式，排查范围、内容、周期，隐患治理的方式与反馈，形成排查治理的闭环管理。安全隐患排查记录资料及治理案例见图 3-9、图 3-10。

关于开展河口闸管理处“五一”节前
安全隐患排查工作的通知

各科室、各养护项目部：

为深入推进专项整治行动，保持我处安全生产形势平稳可控，我处将于 4 月 20 日上午 9:30 开展“五一”节前安全隐患排查工作，请各科室、各养护项目部准时参加。现将有关事项通知如下。

一、检查目标

及时发现由于夏季台风、暴雨、雷电、高温等季节性天气因素对设备房间、运行设备、人员造成的危害，以便制定防范措施，以避免、减少事故损失。

二、检查内容

1、检查各设备间结构的牢固程度，抗台风及暴雨能力；

2、电气设备情况；

3、机械设备的润滑情况；

4、消防设施（防汛设施）；

5、夏季劳动保护用品的准备工作。

三、安全生产领导小组

组长：吴威

副组长：杨建贵

成员：陈伟、杨明强、迟敏、厉翔、傅金、葛小平、李勇刚

四、检查要求

由安全生产领导小组组长主持，各科室项目部负责人、安全员及设备技术人员参加。详细的做好安全检查记录，包

三汊河河口闸工程配电房、柴油机房检查记录表

日期：2020 年 4 月 20 日

检查内容	检查情况
配电房及柴油机房内外环境是否干燥整洁，挡鼠板是否完好	干燥整洁，挡鼠板完好
变压器有无异常声音及振动情况；套管是否清洁、有无破损裂纹和放电现象；排风扇工作有无异常，温控设施是否完好	无异常情况，各设施完好
各类柜体仪表是否完好；指示灯显示是否正常；内外及元器件是否清洁、干燥	各仪表完好，指示灯正常
各柜体开关是否可以正常使用、灵活可靠	各柜体开关灵活可靠
柴油机机组油位是否满足规定要求；供油管路是否畅通，有无渗漏现象	柴油机机组油位满足规定要求，供油管路畅通
蓄电池接线桩头有无氧化，电解液是否充足；电压是否大于 24V	蓄电池接线桩头无氧化电解液充足
消防及安全用具是否配备齐全，是否在有效期内	消防及安全用具齐全有效
其他	配电房门口台阶处缺少防护栏杆
检查人员：吴威、杨建贵、陈伟、杨明强、迟敏、厉翔、傅金、葛小平、李勇刚、胡璟、孙大旺	

图 3-9　安全隐患排查记录资料

安全隐患整改通知书

编号：2020-002

江苏省洪泽湖水利工程管理处：

2020 年 4 月 20 日，管理处在 闸主体维修养护项目 检查中发现你单位存在如下隐患，请接通知后，按照“三定”要求限在 4 月 30 日前，采取相应整改措施，并在自查合格后，将整改完成情况及防范措施，按时回复管理处 工管科 。

存在的主要问题：

配电房门口台阶处缺少防护栏杆。

整改措施及要求：

增设不锈钢防护栏杆。

检查负责人：胡锷

2020 年 4 月 20 日

被查单位签收人：孙小林

签收日期：2020 年 4 月 20 日

安全隐患整改通知回复单

致 南京市三汊河河口闸管理处工管科 ：

我方接到编号为 2020-002 的安全隐患整改通知后，已按要求完成了整改工作，现报上，请予以复查。

附：

配电房门口栏杆增设前

配电房门口栏杆增设后

闸主体维修养护项目部负责人：

2020 年 4 月 30 日

检查单位复查意见：

已整改，符合要求。

复查负责人：胡锷

2020 年 4 月 30 日

安全隐患排查登记表

编号：2020-002

检查名称	日常检查	检查日期	2020.4.20
参加检查人员	陈伟、胡锷、傅金、吴威、杨建贵、纪敏、嵇小平、李勇刚、孙大进		

隐患情况：

配电房门口台阶处缺少防护栏杆。

记录人：胡锷

分析评估：以上隐患为一般隐患。

整改要求（定人员、定措施、定时间）：

一般隐患立即整改，要求傅金于2020年4月30日前完成增设不锈钢防护栏杆的整改。

检查负责人：陈伟

复查意见：

已按要求完成整改。

复查人：胡锷　　复查日期：2020 年4月30日

说明：本表由组织检查人员填写，复查意见由检查组负责人或安全员在整改后填写。

南京市三汊河河口闸管理处
2020 年隐患排查治理分析报告

2020 年全处共排查出安全隐患 10 个，均为一般隐患，无重大事故隐患。

其中设施设备类 6 个、安全管理类 1 个、从业人员类 0 个、场所环境类 3 个、其他类 0 个，各类隐患发生率如下表。

隐患分类		数量	发生率
设施设备类	建（构）筑物类	6	60%
	生产工具类		
	安全设备设施类		
	劳保用品类		
	物料类		
安全管理类	安全组织机构及安全管理人员配置类	1	10%
	安全管理制度、操作规程类		
	安全生产记录档案类		
	应急救援预案与实施类		
	相关方管理类		
从业人员类	人员资质资格类	0	0
	人员教育培训类		
	人员操作行为类		
场所环境类	作业环境类	3	30%
	安全出口及疏散通道类		
	安全标志标识类		
	周边环境类		
其他类		0	0

图 3-9　安全隐患排查记录资料(续)

生产安全事故隐患排查治理情况统计分析月报表

单位：南京市三汊河河口闸管理处　　　　统计时段：2020 年 4 月

	一般事故隐患				重大事故隐患										
									未整改的重大事故隐患列入治理计划						
	隐患排查数/项	已整改数/项	整改率/%	整改投入资金/万元	隐患排查数/项	已整改数/项	整改率/%	整改投入资金/万元	计划整改数/项	落实目标任务/项	落实经费物资/项	落实机构人员/项	落实整改期限/项	落实应急措施/项	落实整改资金/万元
本月数	1	1	100%	0	0	0	0	0	0	0	0	0	0	0	0
1月至本月累计数	2	2	100%	0	0	0	0	0	0	0	0	0	0	0	0

事故隐患排查治理情况分析：本月新增一个一般事故隐患，配电房门口楼梯缺少防护栏杆，已及时通知闸主体维修养护项目部增设不锈钢防护栏杆，并按时完成了整改。此隐患为一般隐患，为设施设备类隐患。

填表人：胡璟

图 3-9　安全隐患排查记录资料(续)

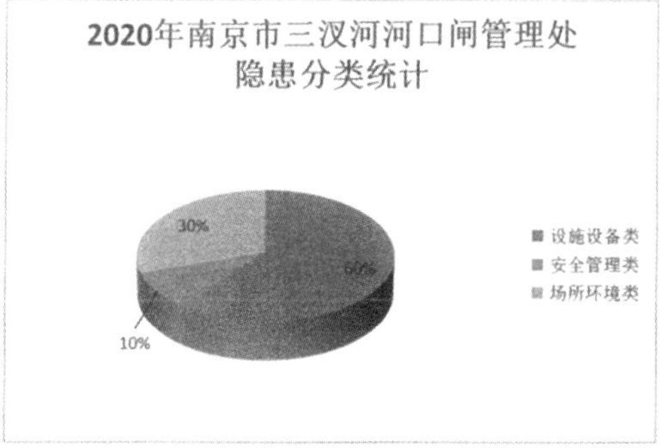

从分布图可知，管理处近期内应注意加强设施设备类隐患排查工作，确保工程安全稳定运行。

图 3-10　安全隐患排查治理案例

三、安全警示标志和标牌管理

安全可视化管理是以直观形象、色彩适宜的视觉信号为媒介，公开表述安全相关信息，充分利用人的视觉感知能力，从而提高人的安全可靠度。管理处注重加强安全可视化建设，在工程管理范围内设置了安全警示标志牌，主要有公告类、名称类、道路交通警示、机电设备危险区域警示、工程临水边警示、施工现场警示和巡视参观通道引导标志等。标志标牌颜色、规格、材质、内容及安装等均符合《水闸泵站工程标志标牌规范》规定，同时结合工程结构及设备的实际情况布置明示。此外，管理处建立了三汊河河口闸标志标牌统计台账，制订了三汊河河口闸工程安全标志检查维护记录表，以便定期检查维护。管理处共设置 227 块标志标牌。见图 3-11。三汊河河口闸工程标志设置目录见表 3-5。

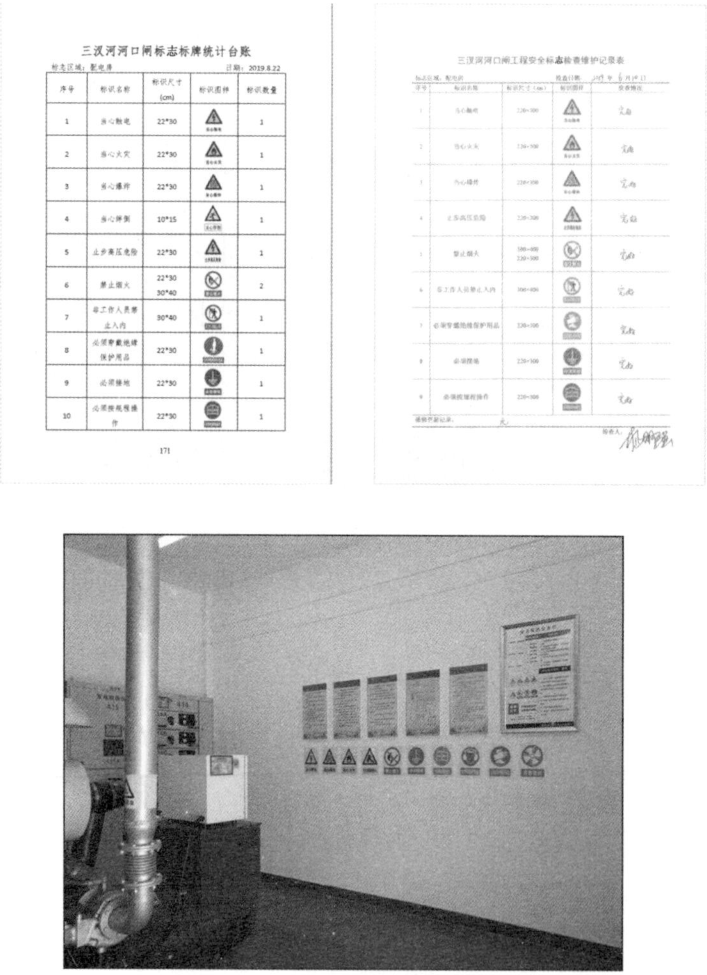

三汊河河口闸标志标牌统计台账

标志区域：配电房　　日期：2019.8.22

序号	标识名称	标识尺寸(cm)	标识图样	标识数量
1	当心触电	22*30		1
2	当心火灾	22*30		1
3	当心爆炸	22*30		1
4	当心摔倒	10*15		1
5	止步高压危险	22*30		1
6	禁止烟火	22*30 30*40		2
7	非工作人员禁止入内	30*40		1
8	必须穿戴绝缘保护用品	22*30		1
9	必须接地	22*30		1
10	必须按规程操作	22*30		1

171

三汊河河口闸工程安全标志检查维护记录表

标志区域：配电房

序号	标识名称	标识尺寸(mm)	标识图样	完好情况
1	当心触电	220×300		完好
2	当心火灾	220×300		完好
3	当心爆炸	220×300		完好
4	止步高压危险	220×300		完好
5	禁止烟火	300×400 220×300		完好
6	非工作人员禁止入内	300×400		完好
7	必须穿戴绝缘保护用品	220×300		完好
8	必须接地	220×300		完好
9	必须按规程操作	220×300		完好

维修更新记录：无

检查人：

图 3-11　标志标牌案例

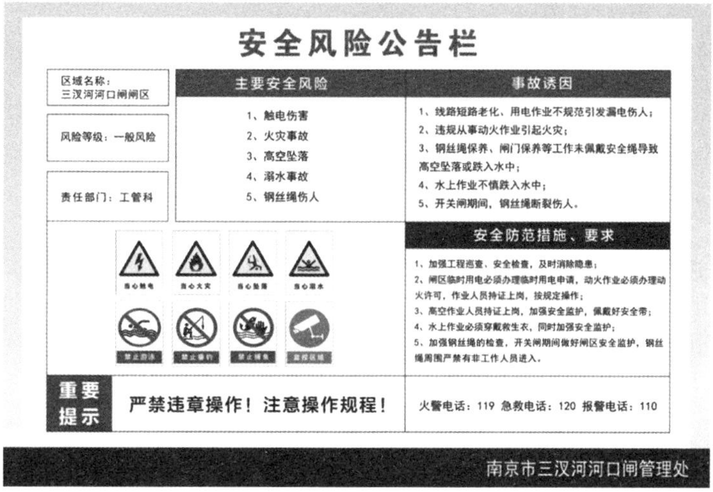

图 3-11　标志标牌案例(续)

表 3-5　三汊河河口闸工程标志设置目录

序号	标志名称	内容及作用	数目(块)
1	公告类标志	水闸工程介绍牌和各类规章制度、操作规程上墙	60
2	名称类标志	启闭机房电气柜、配电房、柴油机房等设备名称	50
3	道路交通警示标志	闸区外秦淮河堤顶道路限高、限速、禁行	3
4	机电设备危险区域警示标志	在配电房、柴油机房、防汛仓库、启闭机房、中控室等位置设立醒目安全警告标志牌，提醒人员注意安全	83
5	工程临水边警示标志	河口闸闸区设置禁止游泳等标志	16
6	施工现场警示标志	用于提示维修养护项目正在施工	10
7	巡视参观通道引导标志	水利展示馆、闸区、配电房等位置及方向导引	5
合计			227

四、相关方安全管理

南京市三汊河河口闸管理处实施管养分离，常规业务工作的具体实施由闸主体养护项目部、六闸联控项目部、物业管理项目实施，且以上3个项目部已纳入管理处统一管理。管理处每年有省级水利维修项目、市级水利维修项目、国家级水管单位补助项目、国家级水利风景区生态补偿项目等需引进外单位进行施工。因此，管理处的相关方包括一切与管理处签订合同协议的合同方、承包方、协作方以及进入工作现场、作业区域的参观、学习、实习人员；向外单位借用的人员；外单位来处进行基建、安装、维修施工人员以及临时招聘的民工等所有外来人员。

管理处制定了相关方安全管理制度，对管理范围、职责分工、管理内容等方面进行了详细的规定。

(1) 维修项目批复文件，项目管理卡(含检修作业记录)。

(2) 施工单位资质、安全生产许可证、签订安全生产协议。

(3) 管理人员证书、特种作业人员证书(电工、起重工、架子工、潜水员等)。

(4) 施工单位人员入场前安全教育记录、技术交底、安全交底。

(5) 作业中存在的危险因素辨识记录及其安全措施。

(6) 临时用电：临时用电申请表、安全监督检查记录、配电箱内操作需电气第二种工作票。若用电设备大于5台或总容量大于50 kW需编制专项方案并有验收记录。

(7) 起重作业：吊装作业申请表、安全监督检查记录、行车作业前检查记录(每天作业前)、行车使用状况记录。起重安装作业应编制专项方案，作业前应有安全技术交底。

(8) 电焊作业：动火作业证、安全监督检查记录，作业人员资格证书等。

(9) 水下作业：水下作业票、安全监督检查记录，旁站记录，作业人员资格证书。

管理处相关方安全管理案例见图3-12、图3-13。

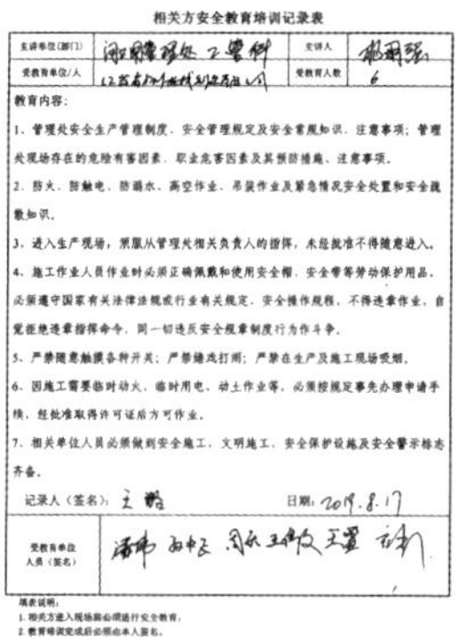

相关方安全教育培训记录表

主讲单位(部门)	河口闸管理处 工管科	主讲人	杨刚强
受教育单位/人	江苏省水利机械制造有限公司	受教育人数	6

教育内容：

1. 管理处安全生产管理制度、安全管理规定及安全常规知识、注意事项；管理处现场存在的危险有害因素、职业危害因素及其预防措施、注意事项。
2. 防火、防触电、防溺水、高空作业、吊装作业及紧急情况安全处置和安全救散知识。
3. 进入生产现场，须服从管理处相关负责人的指挥，未经批准不得随意进入。
4. 施工作业人员作业时必须正确佩戴和使用安全帽、安全带等劳动保护用品。必须遵守国家有关法律法规或行业有关规定、安全操作规程，不得违章作业，自觉拒绝违章指挥命令，同一切违反安全规章制度行为作斗争。
5. 严禁随意触摸各种开关；严禁嬉戏打闹；严禁在生产及施工现场吸烟。
6. 因施工需要临时动火、临时用电、动土作业等，必须按规定事先办理申请手续，经批准取得许可证后方可作业。
7. 相关单位人员必须做到安全施工，文明施工，安全保护设施及安全警示标志齐备。

记录人（签名）：王鹏　　日期：2019.8.17

受教育单位人员（签名）	潘伟 [illegible] [illegible] 王俊 王置 [illegible]

填表说明：
1. 相关方进入现场前必须进行安全教育。
2. 教育培训完成后必须由本人签名。

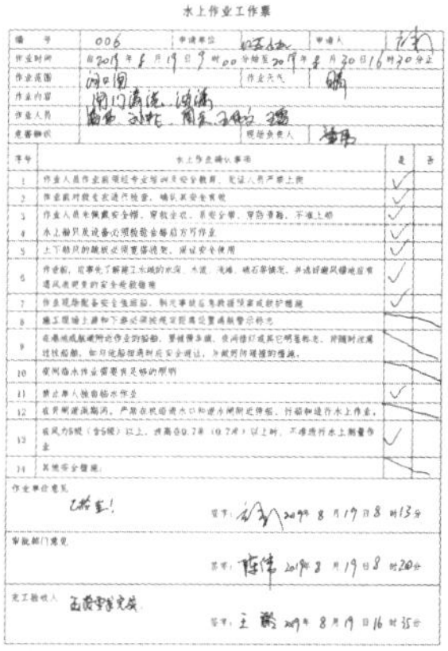

水上作业工作票

编　号	006	申请单位	[illegible]	申请人	[illegible]
作业时间	自2019年8月19日9时00分始至2019年8月30日16时30分止				
作业范围	河口闸	作业天气	晴		
作业内容	闸门清洗、油漆				
作业人员	[illegible]				
签署确认		现场负责人	潘伟		

序号	水上作业确认事项	是	否
1	作业人员作业前须经专业培训及安全教育，无证人员严禁上岗	√	
2	作业前对船只进行检查，确认其安全有效	√	
3	作业人员未佩戴安全帽、穿救生衣、系安全带、穿防滑鞋，不准上船	√	
4	水上船只及设备必须检验合格后方可作业	√	
5	上下船只的跳板必须搭设牢固，保证安全使用	√	
6	作业前，应事先了解施工水域的水深、水流、浅滩、礁石等情况，并选择避风锚地应有遇风浪时的安全避险措施	√	
7	作业现场配备安全救生船，制定事故应急救援预案或救护措施	√	
8	施工现场上游和下游必须按规定距离设置通航警示标志	╲	╲
9	在通航或航道附近作业的船舶，要悬挂号旗，夜间悬挂灯或其它明显标志，并随时注意过往船舶，如与他船相遇时应安全避让，并做好防碰撞的措施。	╲	╲
10	夜间临水作业需要有足够的照明	╲	╲
11	禁止单人独自临水作业	√	
12	在开闸泄流期间，严禁在闸门进水口和出水闸附近停船、作船和进行水上作业。	╲	╲
13	在风力5级（含5级）以上，浪高在0.7米（0.7米）以上时，不准进行水上测量作业	√	
14	其他安全措施	╲	╲

作业单位意见：已落实！　签字：[illegible]　2019年8月19日8时13分

审批部门意见：　签字：陈伟　2019年8月19日8时20分

完工验收人：[illegible]　签字：王鹏　2019年8月19日16时35分

水上作业旁站记录表

日期：2019.8.19～2019.8.30	作业地点：河口闸
旁站的部位或工序：闸门清洗、油漆	
负责人：[illegible]	旁站监督人：潘伟
现场情况：作业人员佩戴安全带，穿救生衣。	
发现问题：无	
处理意见：无	
备注：无	
安全员：潘伟	

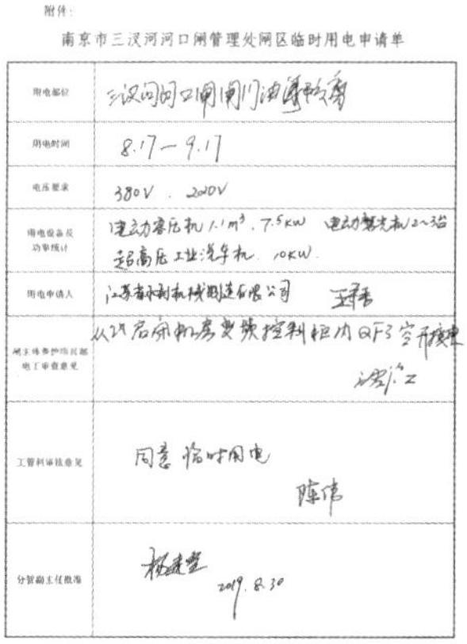

附件：

南京市三汊河河口闸管理处闸区临时用电申请单

用电部位	三汊河河口闸闸门油漆施工
用电时间	8.17—9.17
电压要求	380V、220V
用电设备及功率统计	电动空压机 $1.1m^3$、7.5KW　电动喷漆机2~3台　超高压工业洗车机 10KW
用电申请人	江苏省水利机械制造有限公司　王[illegible]
闸主体养护项目部施工审查意见	从1#启闭机房电缆控制柜内QF3空开接出　[illegible]
工管科审核意见	同意临时用电　陈伟
分管副主任批准	杨建堂　2019.8.30

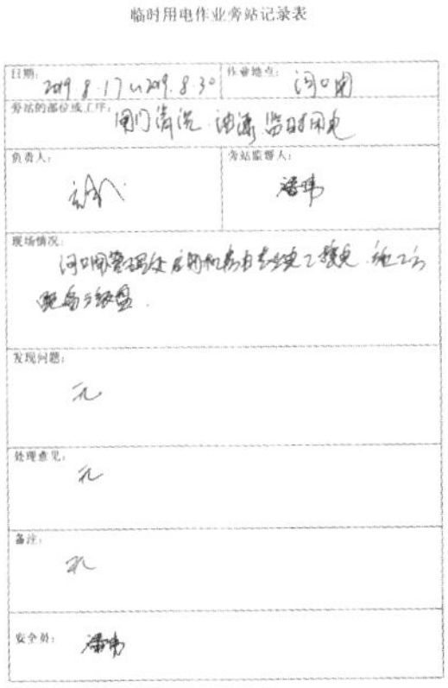

临时用电作业旁站记录表

日期：2019.8.17～2019.8.30	作业地点：河口闸
旁站的部位或工序：闸门清洗、油漆、临时用电	
负责人：[illegible]	旁站监督人：潘伟
现场情况：河口闸管理处启闭机房内电缆已接，施工设备已接好	
发现问题：无	
处理意见：无	
备注：无	
安全员：潘伟	

图 3-12　相关方安全管理记录

图 3-13　相关方安全合同示意

第七节　开展自评

南京市三汊河河口闸管理处制定了安全生产标准化绩效评定管理制度，在具备条件的前提下组织开展自评工作。自评结束后，由自评组组长组织编写自评报告。管理处根据自评报告中提出的问题，一方面制订整改计划并实施整改，另一方面依据自评结果提出安全生产标准化评审申请。

安全生产标准化自评日程安排见表 3-6，安全生产标准化绩效评定管理制度与自评报告片段见图 3-14。

表 3-6　安全生产生产标准化自评日程安排

会议时间	会议内容	参加人员
2019 年 7 月 7 日 9:30—11:30	首次会议	评审团及各有关人员
2019 年 7 月 7 日 14:00—17:30	评审第一项、第二项、第三项	评审团及各有关人员
2019 年 7 月 8 日 9:00—11:45	评审第四项、第五项	评审团及各有关人员
2019 年 7 月 8 日 14:00—17:30	评审第六项、第七项、第八项	评审团及各有关人员
2019 年 7 月 9 日 9:00—11:45	评审基本情况汇总	评审团及各有关人员
2019 年 7 月 9 日 14:00—17:30	末次会议	评审团及各有关人员

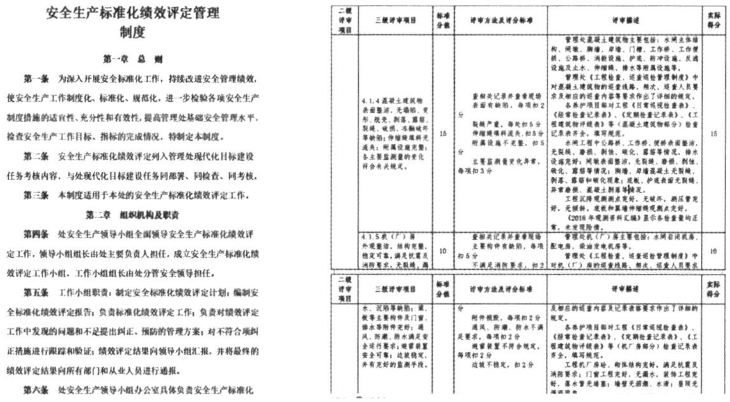

安全生产标准化绩效评定管理制度

第一章　总　则

第一条　为深入开展安全标准化工作，持续改进安全管理绩效，使安全生产工作制度化、标准化、规范化，进一步检验各项安全生产制度措施的适宜性、充分性和有效性，提高管理处基础安全管理水平，检查安全生产工作目标、指标的完成情况，特制定本制度。

第二条　安全生产标准化绩效评定列入管理处现代化目标建设任务考核内容，与处现代化目标建设任务同部署、同检查、同考核。

第三条　本制度适用于本处的安全生产标准化绩效评定工作。

第二章　组织机构及职责

第四条　处安全生产领导小组全面领导安全生产标准化绩效评定工作，领导小组组长由处主要负责人担任，成立安全生产标准化绩效评定工作小组，工作小组组长由处分管安全领导担任。

第五条　工作小组职责：制定安全标准化绩效评定计划；编制安全标准化绩效评定报告；负责标准化绩效评定工作；负责对绩效评定工作中发现的问题和不足提出纠正、预防的管理方案；对不符合项纠正措施进行跟踪和验证；绩效评定结果向领导小组汇报，并将最终的绩效评定结果向所有部门和从业人员进行通报。

第六条　处安全生产领导小组办公室具体负责安全生产标准化

二级评审项目	三级评审项目	标准分值	评审方法及评分标准	评审描述	实际得分
	4.1.4 混凝土建筑物表面整洁，无塌陷、变形、脱壳、剥落、露筋、裂缝、破损、冻融破坏等缺陷；伸缩缝填料无流失；附属设施完整；各主要监测量的变化符合有关规定。	15	查相关记录并查看现场 表面有缺陷，每项扣2分 裂缝严重，每处扣5分 伸缩缝填料流失，扣5分 附属设施不完整，扣5分 主要监测量变化异常，每项扣3分	管理处混凝土建筑物主要包括：水闸主体结构、闸墩、胸墙、岸墙、门槽、工作桥、工作便桥、公路桥、消能设施、护底、防冲设施、反滤设施及止水、伸缩缝、排水等附属设施等。 管理处《工程检查、巡查巡检管理制度》中对混凝土建筑物的巡查线路、频次、巡查人员要求及相应的巡查内容等要求作出了详细的规定。 各养护项目部对工程《日常巡视检查表》、《经常检查记录表》、《定期检查记录表》、《工程建筑物评级表》等（混凝土建筑物部分）检查记录表齐全，填写规范。 水闸工程中公路桥、工作桥、便桥表面整洁，无裂缝、磨损、剥蚀、碳化、露筋等情况，排水设施完好；闸墩表面整洁，无裂缝、磨损、剥蚀、碳化、露筋等情况；胸墙、岸墙混凝土无裂缝、剥落、露筋和碳化现象；底板、护底表面无裂缝、异常磨损、混凝土剥落等情况。 工程沉降观测测点完好，无破坏，测压管完好，无倾斜，底板和翼墙伸缩缝观测点完好。 《2018年观测资料汇编》显示各检查量均正常，未发现险情。	15
	4.1.5 机（厂）房外观整洁，结构完整，稳定可靠，满足抗震及消防要求，无裂缝、漏	10	查相关记录并查看现场 主要构件有缺陷，每项扣5分 不满足消防要求，扣2	管理处机（厂）房主要包括：水闸启闭机房、配电房、柴油发电机房等。 管理处《工程检查、巡查巡检管理制度》中对机（厂）房的巡查线路、频次、巡查人员要求	10

二级评审项目	三级评审项目	标准分值	评审方法及评分标准	评审描述	实际得分
	水、沉陷等缺陷；梁、板等主要构件及门窗、排水等附件完好；通风、防潮、防水满足安全运行要求；避雷装置安全可靠；边坡稳定，并有完好的监测手段。		分 附件损毁，每项扣2分 通风、防潮、防水不满足要求，每项扣2分 避雷装置不符合规定，每项扣2分 边坡不稳定，扣2分	及相应的巡查内容及记录表格要求作出了详细的规定。 各养护项目部对工程《日常巡视检查表》、《经常检查记录表》、《定期检查记录表》、《工程建筑物评级表》等（机厂房部分）检查记录表齐全，填写规范。 工程机厂房砼、砌体结构完好，满足抗震及消防要求；门窗工程完好，无漏水，装饰工程完好，落水管无堵塞；墙壁无渗漏、水渍；屋顶无渗漏现象。	

图 3-14　安全生产标准化绩效评定管理制度与自评报告片段

第八节　持续改进

南京市三汊河河口闸管理处于 2018 年 5 月启动安全生产标准化创建工作，2019 年 11 月接受水利部现场考核验收，2020 年 1 月获得水利安全生产标准化一级证书，成功填补了南京市水利安全生产标准化一级管理单位这一空白。同时，管理处将创建成果向南京市长江河道管理处、南京市滁河河道管理处等单位进行推广。管理处根据评审标准持续改进工作，着力建立安全生产长效管理机制，不断巩固创建成果。2020 年 6 月，管理处拍摄两部小视频《规范水利安全检查　促进隐患排查整治》《加强安全类标志标牌管理　促进作业场所规范与安全》，并提交到中国水利企业协会参加水利安全生产标准化成果评选展示活动。管理处将在信息化建设、长效化管理方面持续改进、完善相关工作。

附件一　南京市三汊河河口闸管理处安全生产标准化建设工作实施方案

为了深入贯彻落实《国务院关于进一步加强企业安全生产工作的通知》(国发〔2010〕23号)、《关于印发水利行业开展安全生产标准化建设实施方案的通知》(水安监〔2011〕346号)、《水利部办公厅关于印发水利安全生产标准化评审标准的通知》(办安监〔2018〕52号)文件精神,推动我处全面开展安全生产标准化建设工作,改善安全生产条件,规范和改进安全管理工作,不断提高安全生产管理水平,保障工程运行安全,促进安全生产的可持续发展,根据我处水利工程管理实际情况,特制定本方案。

一、总体要求

坚持"安全第一、预防为主、综合治理"的方针,进一步强化红线意识,落实安全生产主体责任,在进行充分调研的基础上,对照《水利工程管理单位安全生产标准化评审标准》开展安全生产标准化建设工作,以实现我处安全管理的规范化、科学化、系统化和法治化,并逐步建立自我约束、自我完善、持续改进的安全生产工作机制。

二、工作目标

在管理处原有水利工程管理体系的基础上,进一步深入持久开展安全生产标准化建设活动,进一步落实管理处安全生产责任制,强化职工安全教育,完善管理处安全规章制度,加强事故隐患排查治理,全面提升安全生产水平,夯实安全管理基础,确保在2019年年底具备申报水利工程管理单位安全生产标准化一级单位的条件。

三、工作内容

遵循"计划、实施、检查、处理"(PDCA)动态循环的模式，长期坚持，不断实施、检查、总结和提高。

（一）明确安全生产标准化建设工作目标

按照工作目标与指导思想，制定符合各科室、各养护项目部的工作目标、措施和工作计划。

（二）分解落实安全生产标准化工作责任

管理处将安全生产标准化建设工作任务、工作责任分解落实到各科室、各养护项目部和各岗位。

（三）建立管理处安全生产标准化工作网络

组织成立管理处安全生产标准化建设领导小组，下设办公室，负责此项工作总体协调。各科室、各养护项目部必须有专人负责，形成完善的组织机构及工作网络体系。

（四）夯实基础工作

各科室、各养护项目部在推进安全生产标准化工作的同时，要进一步做好安全生产标准化建设的基础工作，结合安全生产标准化的要求，积极开展"三违"查处和隐患排查治理工作，完善生产条件，改善作业环境，加强生产设施设备的维修养护，强化作业现场安全管理，落实各项工作措施，联动推进，全面组织实施好管理处安全生产标准化建设工作。

（五）完善安全生产标准化建设考核机制

将开展安全生产标准化工作纳入安全生产目标责任考核体系，与绩效考核、评先评优挂钩，提高全员开展安全生产标准化工作的积极性。

四、组织机构及职责

（一）领导机构

管理处成立水利安全生产标准化建设工作领导小组，组长由管理处主任吴威同志担任，副组长由许兴武同志担任，成员包括各科室负责人、单位兼职安全员，领导小组负责组织领导、督促检查、有序推进创建工作的全面实施，协调解决创建工作中遇到的困难和问题。

（二）办事机构

领导小组下设办公室（简称“创建办”），办事机构设在工程管理科。

创建办职责：负责创建实施方案和计划编制，协调各科室、各养护项目部分管工作的落实；完成自主评定相关工作；整改计划编制及落实，整改报告编写；申报资料统稿和整理汇编，自检报告编写；指导各科室、各养护项目部按照标准化要求建立安全台账资料；其他日常工作。

五、工作步骤

（一）准备阶段（2018 年 6 月 1 日—2018 年 9 月 15 日）

（1）开展调研。

（2）选择、确定评价机构。

（3）成立创建工作领导小组，启动水利工程管理单位安全生产标准化建设程序。

（4）召开创建工作动员会，聘请专家进行安全生产标准化达标建设培训。

（5）管理处明确人员工作任务与目标职责，明确各科室、各养护项目部、各相关人员在安全生产标准化创建过程中的各项职责。

（6）参加水利工程管理单位安全生产标准化业务培训。

（二）初始状态评审（2018 年 9 月 16 日—2018 年 9 月 30 日）

按照《水利工程管理单位安全生产标准化评审标准》的规定，管理处进行初始状态评审，编制初始状态评审报告。初始状态评审将通过现场调查、问询、查阅文件资料等方式方法进行，并获取管理处有关安全生产状况的信息，提出安全生产标准化建设工作目标和解决事项。为了更好地完成初始状态评审工作，将分以下两个阶段开展工作。

(1) 评审准备阶段工作。管理处成立评审小组。评审组长由管理处主任吴威同志担任，组内成员包括各科室、各养护项目部主要负责人，评审小组根据管理处实际情况，结合各部门的职责分工制订初始状态评审计划。

(2) 指导编制初始状态评审报告。评审小组编制初始状态评审报告，初始状态评审报告要符合安全生产标准化建设的要求，并包括以下几个方面：管理处基本情况，评审的目的、范围、时间，人员分工，评审的程序、方法、过程，管理处现行安全生产管理状况、法律法规的遵守情况、以往事故分析、急需解决的优先项、对安全生产标准化建设工作的建议。

(三) 宣传培训(2018 年 10 月 1 日—12 月 20 日)

确保全员参与，各科室务必高度重视，组织开展好宣传动员工作，教育全体职工正确认识安全生产标准化工作对管理处安全生产的重要性和必要性，强化安全责任意识，使安全生产标准化建设工作深入人心，并得到切实有效开展。

具体教育培训内容如下：

(1) 培训讲解水利安全生产标准化评审标准、水利工程管理单位安全生产标准化评审标准、水利行业安全生产标准化建设实施方案。实施细则、评审标准进行系统性培训，使培训人员掌握评审方法和要求。

培训人员：安全生产标准化达标建设领导小组全体成员及相关人员。

(2) 集中进行相关方案的系统性培训，理解分配要素的主要内容、用途和实施，明确安全生产标准化赋予本科室(负责人)的职责。

培训人员：各科室、各项目部管理人员，技术人员、班组长以上人员及安全生产标准化建设工作相关人员。

(3) 进行相关方案的系统性培训，理解安全生产标准化的意义，明确安全生产标准化赋予员工的职责，基本掌握本岗位(作业)的危险因素，能够做到有害因素辨识和进行安全检查表的应用。

培训人员：基层员工、现场作业人员。

（四）制度建设（2018年11月1日—2019年3月31日）

修订完善管理处的各项安全管理制度、安全操作规程、应急预案等，使其符合安全生产标准化考核要求，并严格贯彻执行，保障工程运行安全。

（五）实施运行及整改（2019年2月17日—9月30日）

管理处安全生产标准化创建办公室定期召开督查会议，及时发现和处理实施安全生产标准化建设过程中遇到的各种问题，有效促进安全生产标准化建设的进度和保证实施效果。各科室、各养护项目部根据管理处安全生产标准化方案内容，结合自身实际，规划时间进度，并按照时间进度，依据《水利工程管理单位安全生产标准化评审标准》的具体内容逐步逐条实施。

（六）自查自评（2019年10月8日—11月30日）

由管理处安全生产领导小组组织相关人员，对照《水利工程管理单位安全生产标准化评审标准》进行自我评审工作，根据评审情况，落实整改、持续改进、不断提高。形成自评报告，报市水务局、省水利厅批准，向水利部提出评审申请。

（七）迎接评审（2019年12月1日—2020年1月31日）

对评审中提出的问题和隐患进行整改，对建设工作进行总结。

南京市三汊河河口闸管理处安全生产标准化建设工作任务分解见附表1-1。

附表 1-1　南京市三汊河河口闸管理处安全生产标准化建设工作任务分解表

评审项目		评审标准	分值	责任部门	协助部门	完成时间
一、目标职责（130分）	（一）目标（30分）	（1）安全生产目标管理制度应明确目标的制定、分解、实施、检查、考核等内容	3	创建办		2018.11
		（2）制定安全生产总目标和年度目标，应包括安全生产事故控制、安全生产事故隐患排查治理、职业健康、安全生产管理等目标	6	创建办		2018.11
		（3）根据部门和所属单位在安全生产中的职能，分解安全生产总目标和年度目标	4	创建办	各科室、各养护项目部	2018.12
		（4）逐级签订安全生产责任书，并制定目标保证措施	5	工管科	各科室、各养护项目部	2018.12
		（5）定期对安全生产目标完成情况进行检查、评估，必要时，及时调整安全生产目标实施计划	6	工管科		2018.12
		（6）定期对安全生产目标完成情况进行考核奖惩	6	工管科	办公室	2018.12
	（二）机构和职责（40分）	（1）成立由主要负责人、其他领导班子成员、有关部门负责人等组成的安全生产委员会（安全生产领导小组），人员变化时及时调整发布	5	工管科	办公室、各养护项目部	2018.12
		（2）按规定设置或明确安全生产管理机构	5	工管科	办公室、各养护项目部	2018.12
		（3）按规定配备专（兼）职安全生产管理人员，建立健全安全生产管理网络	5	工管科	办公室、各养护项目部	2019.1
		（4）安全生产责任制度应明确各级单位、部门及人员的安全生产职责、权限和考核奖惩等内容。主要负责人全面负责安全生产工作，并履行相应责任和义务；分管负责人应对各自职责范围内的安全生产工作负责；各级管理人员应按照安全生产责任制的相关要求，履行其安全生产职责	15	工管科	办公室、各养护项目部	2018.11
		（5）安全生产委员会（安全生产领导小组）每季度至少召开一次会议，跟踪落实上次会议要求，总结分析本单位的安全生产情况，评估本单位存在的风险，研究解决安全生产工作中的重大问题，并形成会议纪要	10	工管科	办公室、各养护项目部	2018.12

附表 1-1(续)

评审项目		评审标准	分值	责任部门	协助部门	完成时间
一、目标职责(130分)	(三)全员参与(15分)	(1)定期对部门、所属单位和从业人员的安全生产职责的适宜性、履职情况进行评估和监督考核	8	工管科	办公室、各养护项目部	2018.12
		(2)建立激励约束机制,鼓励从业人员积极建言献策,建言献策应有回复	7	创建办		2019.1
	(四)安全生产投入(25分)	(1)安全生产费用保障制度应明确费用的提取、使用、管理的程序、职责及权限	3	办公室		2018.11
		(2)按有关规定保证具备安全生产条件所必需的资金投入	5	办公室	工管科、各养护项目部	2019.3
		(3)根据安全生产需要编制安全生产费用使用计划,并严格审批程序,建立安全生产费用使用台账	3	办公室	工管科、各养护项目部	2019.3
		(4)落实安全生产费用使用计划,并保证专款专用	6	办公室		2019.3
		(5)每年对安全生产费用的落实情况进行检查、总结和考核,并以适当方式公开安全生产费用提取和使用情况	3	办公室		2019.3
		(6)按照有关规定,为从业人员及时办理相关保险	5	办公室		2019.3
	(五)安全文化建设(10分)	(1)确立本单位安全生产和职业病危害防治理念及行为准则,并教育、引导全体人员贯彻执行	5	工管科	办公室	2019.3
		(2)制定安全文化建设规划和计划,开展安全文化建设活动	5	工管科	办公室	2019.3
	(六)安全生产信息化建设(10分)	根据实际情况,建立安全生产电子台账管理、重大危险源监控、职业病危害防治、应急管理、安全风险管控和隐患自查自报、安全生产预测预警等信息系统,利用信息化手段加强安全生产管理工作	10	工管科	办公室	2019.3

附表 1-1(续)

评审项目		评审标准	分值	责任部门	协助部门	完成时间
二、制度化管理(80分)	(一)法规标准识别(15分)	(1)安全生产法律法规、标准规范管理制度应明确归口管理部门、识别、获取、评审、更新等内容	3	工管科	办公室	2018.11
		(2)职能部门和所属单位应及时识别、获取适用的安全生产法律法规和其他要求,归口管理部门每年发布一次适用清单,建立文本数据库	5	工管科	办公室、各养护项目部	2019.3
		(3)及时向员工配备适用的安全生产法律法规,并传达其他要求	7	工管科		2019.3
	(二)规章制度(25分)	(1)及时将识别、获取的安全生产法律法规和其他要求转化为本单位规章制度,结合本单位实际,建立健全安全生产规章制度体系。规章制度应包含但不限于:① 目标管理;② 安全生产承诺;③ 安全生产责任制;④ 安全生产会议;⑤ 安全生产奖惩管理;⑥ 安全生产投入;⑦ 教育培训;⑧ 安全生产信息化;⑨ 新技术、新工艺、新材料、新设备设施、新材料管理;⑩ 法律、法规、标准规范管理;⑪ 文件、记录和档案管理;⑫ 重大危险源辨识与管理;⑬ 安全风险管理、隐患排查治理;⑭ 班组安全活动;⑮ 特种作业人员管理;⑯ 建设项目安全设施、职业病防护设施"三同时"管理;⑰ 设备设施管理;⑱ 安全设施管理;⑲ 作业活动管理;⑳ 危险物品管理;㉑ 警示标志管理;㉒ 消防安全管理;㉓ 交通安全管理;㉔ 防洪度汛安全管理;㉕ 工程安全监观测;㉖ 调度管理;㉗ 工程维修养护;㉘ 用电安全管理;㉙ 仓库管理;㉚ 安全保卫;㉛ 工程巡查巡检;㉜ 变更管理;㉝ 职业健康管理;㉞ 劳动防护用品(具)管理;㉟ 安全预测预警;㊱ 应急管理;㊲ 事故管理;㊳ 相关方管理;㊴ 安全生产报告;㊵ 绩效评定管理	15	创建办	各科室、各养护项目部	2019.3
		(2)及时将安全生产规章制度发放到相关工作岗位,并组织培训	10	工管科、办公室		2019.3

附表 1-1(续)

评审项目		评审标准	分值	责任部门	协助部门	完成时间
二、制度化管理(80分)	(三)操作规程(25分)	(1)引用或编制安全操作规程,确保从业人员参与安全操作规程的编制和修订工作	10	工管科	办公室、各养护项目部	2019.3
		(2)新技术、新材料、新工艺、新设备设施投入使用前,组织编制或修订相应的安全操作规程,并确保其适宜性和有效性	5	工管科		2019.3
		(3)安全操作规程应发放到相关作业人员手中	10	工管科		2019.3
	(四)文档管理(15分)	(1)文件管理制度应明确文件的编制、审批、标识、收发、使用、评审、修订、保管、废止等内容,并严格执行	3	办公室		2018.11
		(2)记录管理制度应明确记录管理职责及记录的填写、收集、标识、保管和处置等内容,并严格执行	3	办公室		2018.11
		(3)档案管理制度应明确档案管理职责及档案的收集、整理、标识、保管、使用和处置等内容,并严格执行	3	办公室		2018.12
		(4)每年至少评估一次安全生产法律法规、标准规范、规范性文件、规章制度、操作规程的适用性、有效性和执行情况	3	工管科		2018.12
		(5)根据评估、检查、自评、评审、事故调查等发现的相关问题,及时修订安全生产规章制度及操作规程	3	工管科		2019.1
三、教育培训(70分)	(一)教育培训管理(20分)	(1)安全教育培训制度应明确归口管理部门、培训的对象与内容、组织与管理、检查和考核等要求	3	工管科、办公室	各养护项目部	2018.11
		(2)定期识别安全教育培训需求,编制培训计划,按计划进行培训,对培训效果进行评价,并根据评价结论进行改进,建立教育培训记录表和档案	17	工管科、办公室	各养护项目部	2019.1

附表 1-1(续)

评审项目		评审标准	分值	责任部门	协助部门	完成时间
三、教育培训（70 分）	（二）人员教育培训（50 分）	（1）应对各级管理人员进行教育培训，确保其具备正确履行岗位安全生产职责的知识与能力，每年按规定进行再培训。按规定经有关部门考核合格	10	工管科、办公室	各养护项目部	2019.2
		（2）新员工上岗前应接受三级安全教育培训，教育培训时间应满足规定学时要求；在新工艺、新技术、新材料、新设备设施投入使用前，应根据技术说明书、使用说明书、操作技术要求等，对有关管理、操作人员进行培训；作业人员转岗、离岗一年以上重新上岗前，应经部门（站、所）、班组安全教育培训，经考核合格后上岗	10	办公室	工管科、各养护项目部	2019.2
		（3）特种作业人员接受规定的安全作业培训，并取得特种作业操作资格证书后上岗作业；特种作业人员离岗 6 个月以上重新上岗前，应经实际操作考核合格后上岗工作；建立健全特种作业人员档案	15	办公室	工管科、各养护项目部	2019.2
		（4）每年对在岗作业人员进行安全生产教育和培训，培训时间和内容应符合有关规定	5	办公室	工管科、各养护项目部	2019.2
		（5）督促检查相关方的作业人员进行安全生产教育培训及持证上岗情况	5	工管科	各养护项目部	2019.2
		（6）对外来人员进行安全教育，主要内容应包括：安全规定、可能接触到的危险因素、职业病危害防护措施、应急知识等，并由专人带领做好相关监护工作	5	工管科、办公室	各养护项目部	2019.2
四、现场管理（470 分）	（一）设施设备管理（195 分）	（1）基本要求 按规定进行注册、变更登记；按规定进行安全鉴定，评价安全状况，评定安全等级，并建立安全技术档案；其他工程设施工作状态应正常，在一定控制运用条件下能实现安全运行	10	工管科	各养护项目部	2019.3
		（2）土工建筑物 外观整齐美观，无缺损、塌陷；无獾狐、白蚁等洞穴；与其他建筑物的连接处无绕渗或渗流量符合有关规定；导渗沟等附属设施完整；各主要监测量的变化符合有关规定	15	工管科、各养护项目部		2019.3

附表 1-1(续)

评审项目		评审标准	分值	责任部门	协助部门	完成时间
四、现场管理(470分)		(3) 圬工建筑物 表面无裂缝,无松动、塌陷、隆起、倾斜、错动、渗漏、冻胀等缺陷,基础无冒水冒沙、沉陷等缺陷;防冲设施无冲刷破坏,反滤设施等保持畅通;各主要监测量的变化符合有关规定	10	工管科、各养护项目部		2019.3
		(4) 混凝土建筑物 表面整洁,无塌陷、变形、脱壳、剥落、露筋、裂缝、破损、冻融破坏等缺陷;伸缩缝填料无流失;附属设施完整;各主要监测量的变化符合有关规定	15	工管科、各养护项目部		2019.3
		(5) 机(厂)房 外观整洁,结构完整,稳定可靠,满足抗震及消防要求,无裂缝、漏水、沉陷等缺陷;梁、板等主要构件及门窗、排水等附件完好;通风、防潮、防水满足安全运行要求;避雷装置安全可靠;边坡稳定,并有完好的监测手段	10	工管科、各养护项目部		2019.3
		(6) 金属结构 启闭机、升船机零部件及安全保护装置正常可靠,满足运行要求;按规定程序操作,并向有关单位通报信息;按规定开展启闭机及升船机设备管理等级评定;符合报废条件的及时按规定程序申请报废;运行记录规范;闸门表面无明显锈蚀;闸门止水装置密封可靠;闸门行走支承零部件无缺陷,平压设备(充水阀或旁通阀)完整可靠;门体的承载构件无变形;运转部位的加油设施完好、畅通;金属结构无变形、裂纹、锈蚀、气蚀、油漆剥落、磨损、振动以及焊缝开裂、铆钉或螺栓松动等现象;安全或附属装置运行正常;压力钢管伸缩节完好,无渗漏;每年汛前应对泄洪闸门进行检查和启闭试验	20	工管科、各养护项目部		2019.3

附表 1-1(续)

评审项目		评审标准	分值	责任部门	协助部门	完成时间
四、现场管理(470分)	(一)设施设备管理(195分)	(7)电气设备 发电机、变压器、输配电系统、厂用电系统、直流系统、继电保护系统、通信系统、励磁装置、自控装置、开关设备、电动机、防雷和接地、事故照明等设备运行符合规定;继电保护及安全自动装置配置符合要求;配电柜(箱)等末级设备运行可靠;各种设备的接地、防雷措施完善、合理,基础稳定;升压站、变电站周边防护及排水符合规定;操作票、工作票的管理和使用符合规定	20	工管科、各养护项目部		2019.3
		(8)水力机械及辅助设备 水轮机、水泵、调速器及油压装置、主阀油压装置、油气水系统设备状况良好;运行管理符合相关规范要求;运行状态良好;运行记录规范	10	工管科、各养护项目部		2019.3
		(9)自动化操控系统 安全监测、防洪调度、调度通信、警报、供水调度、电站调度、水情测报等自动化操控系统运行正常,安全可靠;网络安全防护实施方案和网络安全隔离措施完备、可靠;定期对系统硬件进行检查和校验;运行记录规范	10	工管科、各养护项目部		2019.3
		(10)备用电源(柴油发电机) 发电机的准备、启动、运行符合有关规定,及时维护保养,排除运行故障;运行记录规范	10	工管科、各养护项目部		2019.3
		(11)安全设施管理 新、改、扩建建设项目安全设施必须执行“三同时”制度;临边、孔洞、沟槽等危险部位的栏杆、盖板等设施齐全、牢固可靠;高处作业等危险作业部位按规定设置安全网等设施;垂直交叉作业等危险作业场所设置安全隔离棚;机械、传送装置等的转动部位安装防护栏等安全防护设施;临水和水上作业有可靠的救生设施;暴雨、暴风雪、台风等极端天气前后组织有关人员对安全设施进行检查或重新验收	20	工管科、各养护项目部		2018.12

附表 1-1(续)

评审项目		评审标准	分值	责任部门	协助部门	完成时间
四、现场管理(470分)	(一)设施设备管理(195分)	(12) 检修管理 制订并落实综合检修计划,落实“五定”原则(定检修方案、定检修人员、定安全措施、定检维修质量、定检维修进度),检修方案应包含作业安全风险分析、控制措施、应急处置措施及安全验收标准,严格执行操作票、工作票制度,落实各项安全措施;检修质量符合要求;大修工程有设计、批复文件,有竣工验收资料;各种检修记录规范	15	工管科	各养护项目部	2019.3
		(13) 特种设备管理 按规定进行登记、建档、使用、维护保养、自检、定期检验以及报废;有关记录规范;制定特种设备事故应急措施和救援预案;达到报废条件的及时向有关部门申请办理注销;建立特种设备技术档案(包括设计文件、制造单位、产品质量合格证明、使用维护说明等文件以及安装技术文件和资料,定期检验和定期自行检查的记录,日常使用状况记录,特种设备及其安全附件、安全保护装置、测量调控装置及有关附属仪器仪表的日常维护保养记录,运行故障和事故记录,高耗能特种设备的能效测试报告、能耗状况记录以及节能改造技术资料);安全附件、安全保护装置、安全距离、安全防护措施以及与特种设备安全相关的建筑物、附属设施,应当符合有关规定	20	工管科、各养护项目部		2019.3
		(14) 设施设备安装、验收、拆除及报废 对新设施设备按规定进行验收,设施设备安装、拆除及报废应办理审批手续,拆除前应制定方案,涉及危险物品的应制定处置方案,作业前应进行安全技术交底并保存相关资料	10	工管科		2019.3
	(二)作业行为(205分)	(1) 安全监测 安全监测范围、监测项目设置、监测点布置等符合有关规定;监测设施设备齐全完好,满足监测要求;监测频次、精度等符合有关要求;监测资料整编、分析、报告等符合有关规定;及时评估工程运行状态并提出建议、制定措施	40	工管科	各养护项目部	2019.3

附表 1-1(续)

评审项目		评审标准	分值	责任部门	协助部门	完成时间
四、现场管理(470分)	(二)作业行为(205分)	(2)调度运行 建立通畅的水文气象信息渠道;有调度规程和调度制度;调度原则及调度权限清晰,严格执行调度方案和指令,并有记录;制订汛期调度运用计划,经上级主管部门审查批准后,报有管辖权的人民政府防汛指挥部备案,并严格执行	15	工管科	各养护项目部	2018.12
		(3)防洪度汛 防洪度汛组织机构健全,人员配置符合规定,岗位责任明确;按规定编制工程防洪度汛方案和应对超标准洪水应急预案;工程险工、隐患图表清晰,有度汛措施和预案;防洪度汛物资设备按规定备足,定期对抢险设备进行试车;开展防汛抢险队伍培训,汛前按规定组织险情的抢护演练;开展汛前、汛中和汛后检查,发现问题及时处理;日常管理记录规范	15	工管科	各养护项目部	2019.3
		(4)工程范围管理 工程管理和保护范围内无法律、法规规定的禁止性行为;水法规等标语、标牌设置符合规定,在授权范围内对工程管理设施及水环境进行有效管理和保护	10	工管科	各养护项目部	2019.3
		(5)安全保卫 建立或明确安全保卫机构,制定安全保卫制度;重要设施和生产场所的保卫方式按规定设置;定期对防盗报警、监控等设备设施进行维护,确保运行正常;出入登记、巡逻检查、治安隐患排查处理等内部治安保卫措施完善;制定单位内部治安突发事件处置预案,并定期演练	10	工管科	各养护项目部	2018.12
		(6)现场临时用电管理 按有关规定编制临时用电专项方案或安全技术措施,并经验收合格后投入使用;用电配电系统、配电箱、开关柜符合相关规定;自备电源与网供电源的连锁装置安全可靠,电气设备等按规范装设接地或接零保护;现场内起重机等起吊设备与相邻建筑物、供电线路等的距离符合规定;定期对施工用电设备设施进行检查	10	工管科	各养护项目部	2019.3

附表 1-1(续)

评审项目		评审标准	分值	责任部门	协助部门	完成时间
四、现场管理(470 分)	(二)作业行为(205 分)	(7) 危险化学品管理 建立危险化学品的管理制度;购买、运输、验收、储存、使用、处置等管理环节符合规定,并按规定登记造册;警示性标签和警示性说明及其预防措施符合规定	5	工管科		2018.12
		(8) 交通安全管理 建立交通安全管理制度;定期对车船进行维护保养、检测,保证其状况良好;严格安全驾驶行为管理	10	办公室		2019.3
		(9) 消防安全管理 建立消防管理制度,建立健全消防安全组织机构,落实消防安全责任制;防火重点部位和场所配备足够的消防设施、器材,并完好有效;建立消防设施、器材台账;严格执行动火审批制度;开展消防培训和演练;建立防火重点部位或场所档案	10	办公室	工管科、各养护项目部	2018.12
		(10) 仓库管理 仓库结构满足安全要求,安全管理制度齐全;按规定配备消防等安全设备设施,且灵敏可靠;消防通道畅通;物品储存符合有关规定;管理、维护记录规范	10	办公室		2018.12
		(11) 高处作业 高处作业人员须经体检合格后上岗作业,登高架设作业人员持证上岗;坝顶、杆塔、吊桥等危险边沿进行悬空高处作业时,临空面搭设安全网或防护栏杆,且安全网随着建筑物升高而提高;登高作业人员正确佩戴和使用合格的安全防护用品;有坠落危险的物件应固定牢固,无法固定的应先行清除或放置在安全处;雨雪天高处作业,应采取可靠的防滑、防寒和防冻措施;遇有六级及以上大风或恶劣气候时,应停止露天高处作业;高处作业现场监护应符合相关规定	10	工管科	各养护项目部	2019.3

附表 1-1(续)

评审项目		评审标准	分值	责任部门	协助部门	完成时间
四、现场管理(470分)	(二)作业行为(205分)	(12)起重吊装作业 起重吊装作业前按规定对设备、工器具进行认真检查,确保满足安全要求;指挥和操作人员持证上岗、按章作业,信号传递畅通;吊装按规定办理审批手续,并有专人现场监护;不以运行的设备、管道等作为起吊重物的承力点,利用构筑物或设备的构件作为起吊重物的承力点时,应经核算;照明不足、恶劣气候或风力达到六级以上时,不进行吊装作业	10	工管科	各养护项目部	2019.3
		(13)水上水下作业 从事水上水下作业,按规定取得作业许可;制定应急预案;安全防护措施齐全可靠;作业船舶安全可靠,作业人员按规定持证上岗,并严格遵守操作规程	10	工管科	各养护项目部	2019.3
		(14)焊接作业 焊接前对设备进行检查,确保性能良好,符合安全要求;焊接作业人员持证上岗,按规定正确佩戴个人防护用品,严格按操作规程作业;进行焊接、切割作业时,有防止触电、灼伤、爆炸和引起火灾的措施,并严格遵守消防安全管理规定;焊接作业结束后,作业人员清理场地、消除焊件余热、切断电源,仔细检查工作场所周围及防护设施,确认无起火危险后离开	10	工管科	各养护项目部	2019.3
		(15)其他危险作业 涉及临近带电体作业,作业前按有关规定办理安全施工作业票,安排专人监护;交叉作业应制定协调一致的安全措施,并进行充分的交底;应搭设严密、牢固的防护隔离设施;有(受)限空间作业等危险作业按有关规定执行	10	工管科	各养护项目部	2019.3
		(16)岗位达标 建立班组安全活动管理制度,明确岗位达标的内容和要求,开展安全生产和职业卫生教育培训、安全操作技能训练、岗位作业危险预知、作业现场隐患排查、事故分析等岗位达标活动,并做好记录;从业人员应熟练掌握本岗位安全职责、安全生产和职业卫生操作规程、安全风险及管控措施、防护用品使用、自救互救及应急处置措施	10	各养护项目部		2019.1

附表 1-1(续)

评审项目		评审标准	分值	责任部门	协助部门	完成时间
四、现场管理(470 分)	(二)作业行为(205 分)	(17)相关方管理 严格审查检修、施工等单位的资质和安全生产许可证，并在发包合同中明确安全生产要求；与进入管理范围内从事检修、施工作业的单位签订安全生产协议，明确双方安全生产责任和义务；对进入管理范围内从事检修、施工作业过程实施有效的监督，并进行记录	10	工管科	各养护项目部	2019.3
	(三)职业健康(60 分)	(1)职业健康管理制度应明确职业危害的监测、评价和控制的职责和要求	3	办公室		2018.12
		(2)按照法律法规、规程规范的要求，为从业人员提供符合职业健康要求的工作环境和条件，配备相适应的职业病防护设施、防护用品	12	办公室	各养护项目部	2019.3
		(3)指定专人负责保管、定期校验和维护职业病防护设施、防护用品，确保其完好有效	10	办公室	各养护项目部	2019.3
		(4)对从事接触职业病危害的作业人员应按规定组织上岗前、在岗期间和离岗时职业健康检查，建立健全职业卫生档案和员工健康监护档案	5	办公室	各养护项目部	2019.3
		(5)按规定给予职业病患者及时治疗、疗养；应将患有职业禁忌症的职工，及时调整到合适岗位	5	办公室		2019.3
		(6)与从业人员订立劳动合同时，应如实告知工作过程中可能产生的职业危害及其后果和防护措施	5	办公室		2019.3
		(7)按照有关规定，涉及职业病危害的单位，在醒目位置设置公告栏，公布有关职业病防治的规章制度、操作规程、职业病危害事故应急救援措施和工作场所职业病危害因素监测结果	5	工管科		2019.3

附表 1-1（续）

评审项目		评审标准	分值	责任部门	协助部门	完成时间
四、现场管理（470分）	（三）职业健康（60分）	（8）按照规定及时辨识本单位存在的职业危害因素，制定针对性的预防和应急救治措施，并及时更新信息；对工作场所职业病危害因素进行日常监测，并保存监测记录。存在工作人员密切接触职业危害因素的单位，应按照有关规定，及时、如实向所在地有关部门申报存在职业病危害因素的项目，并及时更新信息；应当委托具有相应资质的职业卫生技术服务机构每年进行一次全面的职业危害因素检测	15	工管科	各养护项目部	2019.3
	（四）警示标志（10分）	按照规定和现场的安全风险特点，在有重大危险源、较大危险因素和职业危害因素的工作场所，设置明显的安全警示标志和职业病危害警示标志，告知危险的种类、后果及应急措施等；在危险作业场所设置警戒区、安全隔离设施。定期对警示标志进行检查维护，确保其完好有效并做好记录	10	工管科	各养护项目部	2019.4
五、安全风险管控及隐患排查治理（140分）	（一）安全风险管理（30分）	（1）安全风险管理制度应明确风险辨识与评估的职责、范围、方法、准则和工作程序等内容	3	工管科		2018.12
		（2）组织全员对安全风险进行全面、系统的辨识，对辨识资料进行统计、分析、整理和归档。辨识范围应覆盖本单位的所有活动及设备设施，安全风险辨识应采用适宜的方法和程序，且与现场实际相符	6	工管科		2019.4
		（3）选择合适的方法，定期对所辨识出的存在安全风险的作业活动、设备设施、物料等进行评估。风险评估时，至少从影响人、财产和环境三个方面的可能性和严重程度进行分析	6	工管科		2019.4
		（4）根据评估结果，确定安全风险等级，实施分级分类差异化动态管理，制定并落实相应的安全风险控制措施（包括工程技术措施、管理控制措施、个体防护措施等），对安全风险进行控制	3	工管科		2019.4

附表 1-1(续)

评审项目		评审标准	分值	责任部门	协助部门	完成时间
五、安全风险管控及隐患排查治理(140分)	(一)安全风险管理(30分)	(5)在重点区域设置醒目的安全风险公告栏,针对存在安全风险的岗位,制作岗位安全风险告知卡,明确主要安全风险、隐患类别、事故后果、管控措施、应急措施及报告方式等内容	5	工管科		2019.4
		(6)将评估结果及所采取的控制措施告知从业人员,使其熟悉工作岗位和作业环境中存在的安全风险	5	工管科		2019.4
		(7)工程项目变更前,应对变更过程及变更后可能产生的风险进行分析,制定控制措施,履行审批及验收程序,并告知和培训相关从业人员	2	工管科		2019.4
	(二)重大危险源辨识和管理(35分)	(1)重大危险源管理制度应明确重大危险源辨识、评价和控制的职责、方法、范围、流程等要求	3	工管科		2018.12
		(2)对本单位的装置、设施或场所进行重大危险源辨识,对确认的重大危险源应进行安全评估,确定等级,制定管理措施和应急预案	15	工管科		2019.4
		(3)对重大危险源进行登记建档,并按规定进行备案	5	工管科		2019.4
		(4)对重大危险源采取措施进行监控,包括技术措施(设计、建设、运行、维护、检查、检验等)和组织措施(职责明确、人员培训、防护器具配置、作业要求等)的监控	12	工管科		2019.4
	(三)隐患排查治理(65分)	(1)隐患排查治理制度应明确排查的责任部门和人员、范围、方法和要求等,逐级建立并落实从主要负责人到相关从业人员的事故隐患排查治理和防控责任制	3	工管科		2018.12
		(2)组织制定各类活动、场所、设备设施的隐患排查治理标准或排查清单,明确排查的时限、范围、内容、频次和要求,并组织开展相应的培训。隐患排查的范围应包括所有与生产经营相关的各类活动、场所、设备设施,以及相关方服务范围	12	工管科		2019.4
		(3)按照有关规定,结合安全生产的需要和特点,采用定期综合检查、专项检查、季节性检查、节假日检查和日常检查等方式进行隐患排查,对排查出的事故隐患,及时书面通知有关部门,定人、定时、定措施进行整改	15	工管科		2019.4

附表 1-1(续)

评审项目		评审标准	分值	责任部门	协助部门	完成时间
五、安全风险管控及隐患排查治理(140分)	(三)隐患排查治理(65分)	(4)对隐患进行分析评价,确定隐患等级,并登记建档,包括将相关方排查出的隐患纳入本单位隐患管理	10	工管科		2019.4
		(5)对于一般事故隐患应按照责任分工立即或限期组织整改。对于重大事故隐患,由主要负责人组织制定并实施事故隐患治理方案,治理方案应包括目标和任务、方法和措施、经费和物资、机构和人员、时限和要求,并制定应急预案。在事故隐患治理过程中,应当采取相应的监控防范措施。重大事故隐患排除前或排除过程中无法保证安全的,应从危险区域内撤出作业人员,疏散可能危及的人员,设置警戒标志,暂时停产停业或者停止使用相关装置、设备、设施	15	工管科		2019.4
		(6)隐患治理完成后,按规定对治理情况进行评估、验收。重大事故隐患治理工作结束后,应组织本单位的安全管理人员和有关技术人员进行验收或委托依法设立的为安全生产提供技术、管理服务的机构进行评估	5	工管科		2019.4
		(7)对事故隐患排查治理情况如实记录,至少每月进行统计分析,及时将隐患排查治理情况向从业人员通报。应通过水利安全生产信息系统对隐患排查、报告、治理、销账等过程进行电子化管理和统计分析,并按照水行政主管部门和当地安全监管部门的要求,定期或实时报送隐患排查治理情况	5	工管科		2019.4
	(四)预测预警(10分)	(1)根据生产经营状况以及隐患排查治理及风险管理、事故等情况,运用定量或定性的安全生产预测预警技术,建立体现水利生产经营单位安全生产状况及发展趋势的安全生产预测预警体系	5	工管科		2019.4
		(2)每季度至少组织一次安全生产风险分析,通报安全生产状况及发展趋势,及时采取预防措施;在接到自然灾害预报时,及时发出预警信息	5	工管科		2019.4

附表 1-1(续)

评审项目		评审标准	分值	责任部门	协助部门	完成时间
六、应急管理（50 分）	(一) 应急准备(40 分)	(1) 按规定建立应急管理组织机构或指定专人负责应急管理工作。建立健全应急工作体系，明确应急工作职责	5	工管科	各科室、各养护项目部	2018.12
		(2) 在开展安全风险评估和应急资源调查的基础上，建立健全安全生产事故应急预案体系，制定安全生产事故应急预案，针对安全风险较大的重点场所(设施)编制重点岗位、人员应急处置卡；按有关规定报备，并通报有关应急协作单位	10	工管科	各科室、各养护项目部	2019.6
		(3) 建立与本单位安全生产特点相适应的专(兼)职应急救援队伍或指定专(兼)职应急救援人员。必要时可与邻近专业应急救援队伍签订应急救援服务协议	5	工管科	各科室、各养护项目部	2019.6
		(4) 根据可能发生的事故种类特点，设置应急设施，配备应急装备，储备应急物资，建立管理台账，安排专人管理，并定期检查、维护、保养，确保其完好、可靠	5	工管科		2019.6
		(5) 根据本单位的事故风险特点，每年至少组织一次综合应急预案演练或者专项应急预案演练，每半年至少组织一次现场处置方案演练，做到一线从业人员参与应急演练全覆盖，掌握相关应急知识。对演练进行总结和评估，根据评估结论和演练发现的问题，修订、完善应急预案，改进应急准备工作	10	工管科	各科室、各养护项目部	2019.6
		(6) 定期评估应急预案，根据评估结果及时进行修订和完善，并按照有关规定将修订的应急预案报备	5	工管科	各科室、各养护项目部	2019.6
	(二) 应急处置(5 分)	(1) 发生事故后，启动相关应急预案，采取应急处置措施，开展事故救援，必要时寻求社会支援	3	工管科	各科室、各养护项目部	2019.6
		(2) 应急救援结束后，应尽快完成善后处理、环境清理、监测等工作	2	工管科	各科室、各养护项目部	2019.6
	(三) 应急评估(5 分)	每年应进行一次应急准备工作的总结评估。完成险情或事故应急处置结束后，应对应急处置工作进行总结评估	5	工管科	各科室、各养护项目部	2019.2

附表 1-1（续）

评审项目		评审标准	分值	责任部门	协助部门	完成时间
七、事故管理（30）	（一）事故报告（6分）	（1）事故报告、调查和处理制度应明确事故报告（包括程序、责任人、时限、内容等）、调查和处理内容（包括事故调查、原因分析、纠正和预防措施、责任追究、统计与分析等），应将造成人员伤亡（轻伤、重伤、死亡等人身伤害和急性中毒）、财产损失（含未遂事故）和较大涉险事故纳入事故调查和处理范畴	3	工管科	各科室、各养护项目部	2018.12
		（2）发生事故后按照有关规定及时、准确、完整地向有关部门报告；事故报告后出现新情况的，应当及时补报	3	各科室、各养护项目部		2019.10
	（二）事故调查和处理（21分）	（1）发生事故后，采取有效措施，防止事故扩大，并保护事故现场及有关证据	4	各科室、各养护项目部		2019.10
		（2）事故发生后按照有关规定，组织事故调查组对事故进行调查，查明事故发生的时间、经过、原因、波及范围、人员伤亡情况及直接经济损失等。事故调查组应根据有关证据、资料，分析事故的直接、间接原因和事故责任，提出应吸取的教训、整改措施和处理建议，编制事故调查报告	7	各科室、各养护项目部		2019.10
		（3）事故发生后，由有关人民政府组织事故调查的，应积极配合开展事故调查	3	各科室、各养护项目部		2019.10
		（4）按照“四不放过”（事故原因不查清楚不放过，主要事故责任者和职工未受教育不放过，责任人员未处理不放过，补救和防范措施不落实不放过）的原则进行事故处理	4	工管科	各科室、各养护项目部	2019.10
		（5）妥善处理伤亡人员的善后工作，并按规定办理工伤认定，保存档案	3	工管科	各科室、各养护项目部	2019.10

附表 1-1(续)

评审项目		评审标准	分值	责任部门	协助部门	完成时间
七、事故管理(30)	(三)事故档案管理(3分)	建立完善的事故档案和事故管理台账,并定期按照有关规定对事故进行统计分析	3	工管科	各科室、各养护项目部	2019.10
八、持续改进(30分)	(一)绩效评定(20分)	(1)安全生产标准化绩效评定制度应明确评定的组织、时间、人员、内容与范围、方法与技术、报告与分析等要求	3	创建办	各科室、各养护项目部	2018.12
		(2)主要负责人每年至少组织一次安全生产标准化实施情况的检查评定,验证各项安全生产制度措施的适宜性、充分性和有效性,检查安全生产管理工作目标、指标的完成情况,提出改进意见,形成评定报告。发生死亡事故后,应重新进行评定,全面查找安全生产标准化管理体系中存在的缺陷	8	创建办	各科室、各养护项目部	2019.6
		(3)评定报告以正式文件印发,向所有部门、所属单位通报安全生产标准化工作评定结果	3	工管科	各科室、各养护项目部	2019.10
		(4)将安全生产标准化自评结果,纳入单位年度绩效考评	4	创建办	各科室、各养护项目部	2019.10
		(5)落实安全生产报告制度,定期向有关部门报告安全生产情况,并公示	2	工管科	各科室、各养护项目部	2019.1
	(二)持续改进(10分)	根据安全生产标准化绩效评定结果和安全生产预测预警系统所反映的趋势,客观分析本单位安全生产标准化管理体系的运行质量,及时调整完善相关规章制度和过程管控,不断提高安全生产绩效	10	各科室、各养护项目部		2019.10

附件二　南京市三汊河河口闸管理处安全教育培训管理制度

（宁闸管安〔2018〕11 号发布）

第一章　总　则

第一条　为贯彻“安全第一、预防为主、综合治理”的安全生产方针，加强职工安全教育培训，增强职工的安全意识、自我防护能力和遵章守纪的自觉性，预防和减少各类安全事故的发生，维护稳定的工作秩序，确保安全生产，结合本处实际情况，特制订本制度。

第二条　本制度依据《国务院安委会关于进一步加强安全培训工作的决定》（安委〔2012〕10 号）、《水利部关于贯彻落实〈国务院安委会关于进一步加强安全培训工作的决定〉进一步加强水利安全培训工作的实施意见》（水安监〔2013〕88 号）等制定。

第三条　各科室职工、特种作业人员、外来施工人员等的安全教育，适用本制度。

第二章　管理职责

第四条　管理处安全生产领导小组负责审批本处年度安全教育培训计划。

第五条　办公室会同工管科负责把安全教育培训计划纳入处职工教育培训体系，制定管理处年度安全教育培训计划，落实上级及相关行业组织的各类安全培训，指导各科室教育培训工作；负责安全教育计划经费管理。

第六条　办公室负责组织实施处级安全教育培训，建立安全教育培训台账和安全教育培训档案，对各科室、各养护项目部安全教育培训工作进行检查。

第七条　各科室、各养护项目部负责制定本部门的年度安全教育培训计划，组织对新进人员进行部门级安全教育培训，建立安全教育培训台账和安全教育培训档案。

第三章　培训对象与内容

第八条　单位主要负责人和安全生产管理人员、兼职安全员，应参加与本单位所从事的生产经营活动相适应的安全生产知识、管理能力和资格培训，按规定进行复审培训，获取由培训机构颁发的合格证书。

第九条　安全生产管理人员初次安全培训时间不得少于32学时，每年再培训时间不得少于12学时，新员工的三级安全培训教育时间不得少于24学时，一般在岗作业人员每年安全生产教育和培训时间不得少于12学时。教育培训情况由办公室负责记入员工安全生产教育培训档案。

第十条　管理处主要负责人安全培训应当包括下列内容：

(1) 国家安全生产方针、政策和有关安全生产的法律、法规、规章和标准；

(2) 安全生产管理基本知识、安全生产技术、安全生产专业知识；

(3) 重大危险源管理、重大事故防范、应急管理和救援组织以及事故调查处理的有关规定；

(4) 职业危害及其预防措施；

(5) 国内外先进的安全生产管理经验；

(6) 典型事故和应急救援案例分析；

(7) 其他需要培训的内容。

第十一条　管理处安全生产管理人员、兼职安全员安全培训应当包括下列内容：

(1) 国家安全生产方针、政策和有关安全生产的法律、法规、规章和标准；

(2) 安全生产管理、安全生产技术、职业卫生等知识；

(3) 伤亡事故统计、报告及职业危害的调查处理方法；

(4) 应急管理、应急预案编制以及应急处置的内容和要求；

(5) 国内外先进的安全生产管理经验；

(6) 典型事故和应急救援案例分析；

(7) 其他需要培训的内容。

第十二条　管理处职工一般性教育培训内容应当包括：

(1) 安全生产方针、政策、法律法规、标准及规章制度等；

(2) 作业现场及工作岗位存在的危险因素、防范及事故应急措施；

(3) 有关事故案例、通报等；

(4) 其他需要培训的内容。

第十二条　新员工培训内容及要求

新员工上岗前应接受管理处、部门、班组三级安全教育培训，考试合格后方可上岗。

第十三条　安全教育培训内容

(一) 处级(一级)岗前安全教育培训内容应当包括：

(1) 管理处安全生产情况及安全生产基本知识；

(2) 管理处安全生产规章制度和劳动纪律；

(3) 从业人员安全生产权利和义务；

(4) 有关事故案例；

(5) 事故应急救援、事故应急预案演练及防范措施等。

(二) 部门级(二级)岗前安全培训内容应当包括：

(1) 工作环境及危险因素；

(2) 所从事工种可能遭受的职业危害和伤亡事故；

(3) 所从事工种的安全职责、操作技能及强制性标准；

(4) 自救互救、急救办法，疏散和现场紧急情况的处理；

(5) 安全设备设施、个人防护用品的使用和维护；

(6) 本部门安全生产状况及规章制度;

(7) 预防事故和职业危害的措施及应注意的安全事项;

(8) 有关事故案例;

(9) 其他需要培训的内容。

(三) 班组级(三级)岗前安全教育培训内容应当包括:

(1) 岗位安全操作规程;

(2) 岗位之间工作衔接配合的安全与职业卫生事项;

(3) 有关事故案例;

(4) 其他需要培训的内容。

第十四条　在新工艺、新技术、新材料、新设备设施投入使用之前,应当对有关从业人员重新进行针对性的安全培训。学习与本科室从事的生产经营活动相适应的安全生产知识,了解、掌握安全技术特性,采用有效的安全防护措施。对有关管理、操作人员进行有针对性的安全技术和操作规程培训,经考核合格后方可上岗作业。

第十五条　转岗、离岗作业人员培训内容及要求

作业人员转岗、离岗一年以上,上岗前需重新进行部门、班组安全教育培训,经考核合格后方可上岗。培训情况记入安全生产教育培训台账。

第十六条　特种作业人员培训内容及要求

特种作业人员应按照国家有关法律、法规接受专门的安全培训,经考核合格,取得特种作业操作资格证书后,方可上岗作业。同时,应按照规定参加复审培训,未按期复审或复审不合格的人员,不得从事特种作业工作。

离岗六个月以上的特种作业人员,各部门应对其进行实际操作考核,经考核合格后方可上岗作业。

第十七条　相关方作业人员培训内容及要求

应本着“谁用工、谁负责”的原则,对项目承包方、被派遣劳动者进行安全教育培训。

督促项目承包方按照规定对其员工进行安全生产教育培训,经考核合格后方可进入施工现场。

需持证上岗的岗位,不得安排无证人员上岗作业。

项目承包方应建立分包单位进场作业人员的验证资料档案,做好监督检查记录,定期开展安全培训考核工作。

第十八条 外来参观、学习人员培训内容及要求

外来参观、学习人员到工程现场进行参观学习时,由接待科室对外来参观、学习人员可能接触到的危险和应急知识等内容进行安全教育和告知。

接待科室应向外来参观、学习人员提供相应的劳保用品,安排专人带领并做好监护工作。接待科室应填写并保留对外来参观、学习人员的安全教育培训记录和提供相应的劳动保护用品记录。

第四章 组织与管理

第十九条 培训需求的调查

各科室每年1月20日前根据本科室的安全生产实际情况,组织进行安全教育培训需求识别并报送办公室。

第二十条 培训计划的编制

办公室将各科室上报的安全教育培训需求调查表进行汇总,编制处年度安全教育培训计划,报处安全生产领导小组审批通过后,以正式文件发至各科室。

各科室按照处下发的年度安全教育培训计划,组织制定本科室的年度安全教育培训实施方案。

第二十一条 培训计划的实施

(1) 管理处安全教育培训由办公室负责组织实施,并填写安全教育培训记录。

(2) 外部培训由办公室组织实施,落实培训对象、经费、师资、教材以及场地等。培训结束后获取的相关证件由办公室备案保存。

(3) 列入科室培训计划的自行培训,由相关科室制订培训实施计划,组织实施教育培训。

如需外聘师资等,由办公室协助解决,并填写安全教育培训记录。

第二十二条　计划外的各项培训，实施前均应向办公室提出培训申请，报处分管领导批准后组织实施。培训结束后保存相关记录。

第五章　检查与考核

第二十二条　安全教育培训结束后，教育培训主办科室应对本次教育培训效果做出评估，并根据评估结果对培训内容、方式不断进行改进，确保培训质量和效果。效果评估结果填写在安全教育培训记录中。

第二十五条　管理处安全生产领导小组定期对全处安全教育培训工作进行检查，对安全教育培训工作做出评估，并按照有关考核办法进行考核奖惩。

第六章　附　　则

第二十六条　安全教育培训记录按管理处档案管理要求规范存档，记录表详见附件(本书省略)。

第二十七条　本制度由管理处办公室、安全生产领导小组负责解释。

第二十八条　本制度自 2018 年 1 月 1 日起执行。

附件三　南京市三汊河河口闸管理处安全生产目标管理制度

第一章　总　　则

第一条　为贯彻《中华人民共和国安全生产法》、水利部《关于印发水利行业深入开展安全生产标准化建设实施方案的通知》(水安监〔2011〕346号)、《江苏省水利厅关于印发〈江苏省水利安全生产标准化建设管理办法(试行)〉的通知》(苏水规〔2016〕2号)等安全生产法律法规,进一步落实安全生产主体责任,加强安全管理制度建设,强化安全生产目标管理,特制定本制度。

第二条　管理处安全生产领导小组负责制定全处安全生产综合目标,安全生产领导小组办公室负责各科室、各养护项目部安全生产综合目标管理。工管科负责处安全生产目标的分解、检查、考评等具体工作。安全生产领导小组办公室对安全生产目标管理进行监督。

第二章　目标管理体系

第三条　安全生产目标管理责任、组织体系

安全生产目标管理工作实行各科室、各养护项目部主要责任人负责制,按照自主管理与处监管相结合的原则开展。

管理处主要负责人是安全生产第一责任人,对本处的安全生产工作全面负责,承担本处安全生产目标任务的组织实施。

其他负责人按职责分工对主要责任人负责，组织相关安全生产目标的落实。其中，分管安全生产的负责人是安全生产工作综合监督管理的责任人，负责监督管理安全生产目标的组织实施；其他负责人对各自分管工作范围内的安全生产负直接领导责任，并配合分管安全生产工作负责人开展安全生产目标的组织实施工作。

其他管理人员对安全生产目标管理负岗位责任。

第四条　安全生产总体目标及年度目标是其他目标的依据，其他目标要服从安全生产总体目标。

第三章　目标的制定、内容与分解

第五条　目标制定依据

《中华人民共和国安全生产法》；

《江苏省安全生产条例》；

《水利工程管理单位安全生产标准化评审标准(试行)》；

江苏省水利厅安全生产控制目标；

江苏省、南京市水利安全相关工作要点；

本处各科室、各养护项目部安全生产状况。

第六条　目标分类和内容

目标分年度工作目标和中长期规划。

安全生产目标分为控制目标、工作目标两类，基本分为 100 分。

(一) 控制目标(40 分)。

控制目标为当年安全工作的主要指标，应包含以下内容：贯彻落实安全制度覆盖率、职工安全教育培训率、新职工三级安全教育培训率、持证上岗率、安全隐患整改率、机动车辆按时检测率、设备保护装置安全有效率、生产现场安全制度和标志达标合格率、施工现场安全设备达标率、安全作业执行率、事故“四不放过”处理率，伤亡事故指标、轻伤事故指标、工程重大安全事故指标、火灾事故指标、机械设备事故指标、交通责任事故指标、食品中毒和传染性事故指标。

控制目标经安全生产领导小组审定后分解、下达，并签订安全生产责任书。

（二）工作目标(60分)。

工作目标为安全工作的要求和任务，包括安全生产标准化建设规定的安全生产组织保障、基础保障、管理保障和日常工作等方面的要求，作为目标管理考核依据。

第四章　目标实施

第七条　安全生产目标以安全生产目标责任书形式分解到各科室、各养护项目部，各科室、各养护项目部分解落实到岗位、个人，确保安全生产目标的实施。

第八条　为实现安全生产目标，应提供必需的人力资源、财力资源、物力资源、技术资源。

第九条　为确保安全生产目标的实施，应开展安全生产宣传教育，定期开展危险源识别及隐患排查、治理工作。对现有的法律法规进行识别，对规章制度、安全规程、操作规程进行评估、修订。

第五章　目标的检查、考核

第十条　检查、考核方式

采取面上检查与点上抽查相结合，考核分为季度自查、半年考核、年度考核。对各科室、各养护项目部安全生产目标实施过程进行监管，及时掌握情况，协调解决出现的矛盾和问题。

第十一条　考核要求

季度自查：下季度首月5日前，各科室、各养护项目部对上季度安全生产目标完成情况进行自查，并将自查结果报管理处工管科，工管科会同有关部门适时进行抽查和检查。

管理处在年底组织安全生产领导小组对各部门全年安全生产责任落实情况进行检查考核。各科室、各养护项目部对安全生产目标完成情况进行自查，自查结果报安全生产领导小组办公室。安全生产领导小组办公室组织领导小组成员对责任科室、各养护项目部安全生产目标完成情况进行检查，形成考核结果。

第六章　结果与奖惩

第十二条　考核得分在90(含)分以上且无规定的"一票否决"项的科室、养护项目部为安全生产目标完成优秀科室、养护项目部；80(含)～90分为良好；70(含)～80分为合格；70分以下为不合格。

各科室及各养护项目部年度内只要发生安全生产事故即评定为不合格。

考核结果作为各科室、各养护项目部的工作业绩和安全奖的重要依据。考核结果通知被考核科室、养护项目部。

第十三条　奖惩

设立安全生产奖，对完成安全生产目标的职工个人给予奖励。奖惩标准按《安全生产考核奖惩管理办法》执行。

安全生产目标未完成的科室、养护项目部按考核分值扣除部门安全奖。

安全生产目标管理考核结果作为安全奖发放和评先评优的重要依据。在安全生产过程中出现"一票否决"情形的科室、养护项目部取消评先评优资格，并依据相关规定追究相关责任人的责任。

第七章　附　　则

第十四条　本制度由处安全生产领导小组负责解释。

第十五条　本制度自2018年1月1日起执行。

附件四　南京市三汊河河口闸管理处触电事故现场应急处置方案

1　事故类别及危险性分析

1.1　危险性分析

由于电气设备故障、绝缘老化或者操作人员操作不当，易造成触电事故的发生。发生触电事故，会造成人员伤亡、设备损坏、生产中断，会给单位和广大职工造成极大的经济损失和伤害。触电伤害的主要形式可分为电击和电伤两大类。

触电事故具体分析：

(1) 缺乏电气安全知识。电线折断后不停电就用手去拿火线；黑夜带电接线手摸带电体；用手摸破损的胶盖刀闸；儿童在水泵电动机外壳上玩耍；玩耍带电导线等。

(2) 违反操作规程。高压方面有：带电拉隔离开关或跌落式保险器；在高低压共杆架设的小于安全距离的电杆上检修低压线或广播线；在高压线路下修造房屋接触高压线，剪修高压线附近树木接触高压线等。低压方面有：带电换电杆架线路；带电拉临时照明线；带电修电动工具、换行灯变压器、搬动用电设备；火线误接在电动工具外壳上；用湿手拧灯泡等。

(3) 设备不合格。高压方面有：高压架空线架设高度离房屋建筑距离不符合规程规定安全距离要求；高压线和附近树木距离太近；高低压交叉时低压线误架设在高压线上面。低压方面有：用电设备进出线未包扎好，裸露在外等。

(4) 维修不善。大风刮断的低压线路和刮倒电杆未及时处理;电动机接线破损使外壳长期带电;音响设备漏电使音频线缆带 220 V 电压等。

(5) 偶然因素。大风刮断电力线路落到人体等。从触电死亡事故统计结果可知,偶然因素构成触电死亡事故极少,而高达 97%以上的触电死亡事故是由各种不当行为造成的,而这些都是可以避免的。

1.2　**事故类型**

触电伤害事故主要分为电击和电伤两种。

电击是指电流通过人体内部,破坏人的心脏、肺部以及神经系统的正常工作,乃至危及人的生命。在低压系统中,在通电电流较小、通电时间不长的情况下,电流引起人的心室颤动是电击致死的主要原因;在通电时间较长、通电电流更小的情况下,窒息也成为电击致死的原因。绝大部分触电死亡事故都是电击造成的。通常说的触电事故基本上是指电击造成的事故。

按照人体触及带电体的方式和电流通过人体的途径,触电可分为以下三种情况:

(1) 单相触电。单相触电是指人体在地面或其他接地导体上,人体某一部位触及一相带电体的触电事故。大部分触电事故都是单相触电事故。单相触电的危险程度与工程运行方式有关。一般情况下,接地工程的单相触电比不接地工程的单相触电危险性大。

(2) 两相触电。两相触电是指人体两处同时触及两相带电体的触电事故,其危险性一般比较大。

(3) 跨步电压触电。当带电体接地有电流流入地下时,电流在接地点周围土壤中产生电压降。人在接地点周围,两脚之间出现的电压即跨步电压。由此引起的触电事故叫跨步电压触电。高压故障接地处或有大电流流过的接地装置附近,都可能出现较高的跨步电压。

电伤是指由电流的热效应、化学效应或机械效应对人体外部造成的局部伤害。电伤多见于机体外部,而且往往在机体上留下伤痕。电伤与电击相比较,危险程度低一些。

电弧烧伤是最常见也是最严重的电伤。在低压系统中，带负荷（特别是感性负荷）拉开裸露的闸刀开关时，电弧可能烧伤人的手部和面部；线路短路，开启式熔断器熔断时，炽热的金属微粒飞溅出来也可能造成灼伤；错误操作引起短路也可能导致电弧烧伤等。

在高压系统中，由于错误操作，会产生强烈的电弧，导致严重的烧伤；人体过分接近带电体，其间距小于放电距离时，直接产生强烈的电弧，若人当时被打中，虽不一定因电击致死，却可能因电弧烧伤而死亡。电烙印也是电伤的一种。当载流导体长期接触人体时，由于电流的化学效应和机械效应的作用，接触部位皮肤变硬，形成肿块，如同烙印一般，这就叫作电烙印。此外，金属微粒因某种物理化学原因渗入皮肤，可使皮肤变得粗糙而坚硬，即导致所谓皮肤金属化。电烙印和皮肤金属化都会对人体造成局部的伤害。

1.3　事故易发生区域及地点

船闸、管理用房、办公用房、配用房等用电区域；项目施工现场。

1.4　事故发生的时间、事故的危害程度及影响范围

触电事故并无明显的季节特征，但由于夏季空气湿度大、气温高易造成设备线路绝缘老化，比较容易发生触电事故。

发生触电事故后，可引起人员轻伤、重伤甚至死亡。

当流经人体电流大于 10 mA 时，人体将会产生危险的病理生理效应，并随着电流的增大、时间的延长产生心室纤维性颤动，乃至人体窒息（“假死”状态），在瞬间或在 3 min 内就会夺去人的生命。

当人体触电时，人体与带电体接触不良部分产生的电弧灼伤、电烙印，会随着被电流熔化和蒸发的金属微粒等侵入人体皮肤而引起皮肤金属化。这类伤害会给人体留下伤痕，严重时也可能致死。

1.5　事故发生征兆

（1）违章操作、违章指挥、违反劳动纪律。

（2）电气设备没有接地或接零保护。

（3）电气设备内部故障。

（4）电源线接头裸露。

(5) 作业区域内有高压带电设备。

(6) 施工区域内无避雷设施。

1.6 事故可能引发的次生、衍生事故

由于救援不当,会对救援人员造成触电或对受伤人员造成二次伤害。

2 应急处置程序

2.1 事故应急处置程序

任何人发现触电事故发生,都应立即采取正确方法帮助伤员脱离伤害,同时拨打120,并向现场管理人员报告,现场管理人员及时上报应急领导小组,领导小组指挥部成员根据事故的现状分析判断,决定是否启动本方案。

应急领导小组根据现场报告情况,立即组建现场专业处置工作组,赶赴现场进行应急处置。

2.2 事故处置原则

发生触电人身伤亡事故时,事故现场人员应立即对事故做出初步判断,根据事故伤亡情况实施正确的紧急救援;迅速采取措施排除险情、防止事故蔓延扩大,做好标志,保护好现场,并立即将伤员送往医院或拨打120急救中心电话等待现场抢救。同时,应立即报告主管部门或领导。

在专业救护队伍未到达现场之前,现场人员应按照以下急救程序进行:

(1) 环境危险因素评估及求助。首先确认环境有无危害急救者的危险因素,如危险建筑物、高空坠落物等。有危险因素应首先将其排除,无法排除时应呼救求援,不要随意进入现场,确认现场无危险因素后迅速进入现场检查伤病者。在伤病者伤势较重或人数较多的情况下,急救者应寻找助手在第一时间拨打急救电话寻求专业医务人员支持。急救电话内容包括:现场联络人的电话、姓名,意外事件发生的地点及发生的过程、种类,伤病者的人数和伤势。

(2) 判断伤病者伤势。急救者进入现场后,在不搬动伤病者的前提下,在其耳边大声呼唤,再轻拍其肩、臂,若没有反应,则可判定伤病者已经丧失意识。通过了解伤病者受伤过程,确定是否有脊椎受伤的可能,若怀疑可能脊椎损伤，切勿随意搬动伤病者或改变其头颈位置。

事故发生现场人员急救的目的是在专业医务人员到场之前，第一时间维持伤员的生命、防止伤病恶化。实施急救者应经过基本的急救培训，无急救培训知识者应听从现场急救人员指令，协助现场求救及拨打急救电话。急救行为是无偿的。

2.3　现场急救处置措施

发生触电事故后，为保障伤员的生命、减轻伤员的痛苦，现场人员在拨打报警电话后可以进行现场施救。

(1) 低压触电事故脱离电源方法。

① 立即拉掉开关、拔出插销，切断电源；

② 如电源开关距离太远，用有绝缘把套的钳子或用带木柄的斧子断开电源线；

③ 用木板等绝缘物插入接触者身下，以隔离流经人体的电流；

④ 用干燥的衣服、手套、绳索、木板、木棍等绝缘物作为工具，拉开接触者，挑开电线，使接触者脱离电源。

(2) 高压触电事故脱离电源方法。

① 立即通知有关部门停电；

② 戴上绝缘手套，穿上绝缘鞋，用相应电压等级的绝缘工具拉开开关；

③ 抛掷一端可靠接地的裸金属线使线路接地，迫使保护装置作业，断开电源。

3　注意事项

3.1　应急救援现场应注意的事项

在实践过程中，要遵循下列注意事项：

(1) 救护人不可直接用手或其他金属及潮湿的构件作为救护工具，而必须使用适当的绝缘工具。救护人要用一只手操作，以防自己触电。

(2) 防止触电者脱离电源后造成摔伤。特别是当触电者在高处的情况下，应考虑防摔措施。即使触电者在平地，也要考虑触电者可能倒下的方向，注意防摔。

(3) 如事故发生在夜间，应迅速解决临时照明问题，以利于抢救，并避免扩大事故。

(4) 其他需要特别警示的事项：救助过程中要遵循“三不伤害”原则进行救助。

3.2 应急救援结束后应注意的事项

应急救援结束条件：伤员已经得到救治，作业现场安全措施已经恢复，满足安全施工作业条件。

应急响应结束条件：事故现场得到控制，环境符合有关标准，次生、衍生事故隐患消除，经应急救援办公室批准后，现场应急结束。

应急救援结束后，应明确事故情况上报事项、需向事故调查组移交的相关事项、提交事故应急救援工作总结报告。

附件五　南京市三汊河河口闸管理处防汛专项应急预案

修订说明：

为确保三汊河河口闸工程度汛安全，健全组织体系，明确工作职责，完善工作机制，提高处置能力，及时、高效地开展防汛应急处置工作，保障职工群众的生命安全和水利工程安全，结合《南京市三汊河河口闸工程技术管理实施细则（2019 年修订版）》《南京市三汊河河口闸管理处规章制度汇编（2020 年）》和工程实际运行情况，修订本预案。

一、工程概况

三汊河河口闸位于南京市秦淮河东支流三汊河河口入长江处。该闸于 2004 年 8 月 5 日开工建设，2006 年 5 月通过竣工验收。三汊河河口闸主要功能是在非汛期抬高外秦淮河水位，改善城市河道景观，并引石臼湖水、长江水改善秦淮河水质。

三汊河河口闸采用世界第二、亚洲第一的双孔护镜闸门，闸门为半圆形的三铰拱结构，单孔净宽为 40.00 m，总净宽为 80.00 m。正常蓄水期的过流量为 $Q=30.00\ m^3/s$；非汛期行洪流量为 $Q=80.00\ m^3/s$（关闸蓄水状态）；汛期行洪流量为 $Q=600.00\ m^3/s$。

三汊河河口闸工程还包括上下游连接段、堤防（下关大桥至防冲槽末端）、自动化控制系统、机电设备、景观绿化等内容。

二、防汛目标

(1) 在充分做好汛前检查和机电设备保养工作的基础上，确保汛期或遇流域性洪水时大闸门能够及时开启，同时确保闸区堤防稳定安全。

(2) 汛期遇暴雨天气做好河口闸管理处院区配电房、柴油发电机房、地下室排水抢险工作，确保机电设备安全。

(3) 配合鼓楼区做好河口闸管理区域的外秦淮河堤防的安全度汛。

三、汛期控制运用(含非汛期)

三汊河河口闸汛期大闸门启闭必须不影响外秦淮河行洪。河口闸工程控制运用原则的有关规定如下：

(1) 非汛期，闸下水位(高低潮平均水位)上涨到5.70 m，且继续上涨时，经市水务局批准后可开启大闸门；闸下水位(高低潮平均水位)下降到5.70 m，且继续下降时，经市水务局批准后关闭大闸门；当小闸门顶溢流将超过设计过流能力(80.00 m^3/s)时，经市水务局批准后开启大闸门。

(2) 汛期(5月1日—9月30日)

① 5月1日—5月31日，当闸下水位(高低潮平均水位)达到5.70 m，且继续上涨时，经市水务局批准后开启大闸门。

② 6月1日—8月31日，为确保工程及流域防洪安全，大闸门原则上处于开闸行洪状态。

③ 9月1日—9月30日，当闸下水位(高低潮平均水位)低于5.70 m，且继续下降时，经市水务局批准后可关闭大闸门。

④ 汛期大闸门关闭时，应密切注意天气变化，随时做好开闸准备。如遇特殊情况，为保证工程安全，可先行电话请示市水务局，经同意后开启大闸门，执行完毕后补办开闸调度相关手续。

四、防汛组织机构、工作流程、工作职责

管理处将在市水务局的统一领导下，在立足自身做好相关防汛值班及应急抢险工作的基础上，主要借助市防汛机动抢险队实施防汛抢险，并按照防汛工作行政首长负责制的原则，与鼓楼区防汛工作衔接。管理处健全组织机构，明确工作职责和流程。

（一）组织机构及人员

为组织好防汛抢险工作，经管理处研究决定，成立防汛抢险领导小组和抢险突击队，具体组成人员为：

组　长　×××

副组长　×××

顾　问　×××

技术组　×××

物资组　×××

后勤组　×××

抢险队　主要由养护单位组成，在管理处（防汛领导小组）领导下，各司其职，各负其责。

（1）主体工程养护维修项目部（抢险一队）：孙大旺（负责人）及其他所有养护人员，主要负责闸主体工程、管理范围内堤防、配电房防汛安全工作，同时服从管理处统一安排做好地下室防汛抢险工作。

（2）物业服务管理项目部（抢险二队）：李勇刚（负责人）及所有物业管理人员，主要负责办公楼地下室及排水泵站的防汛安全及管理工作，汛期服从业主调度，协助完成其他防汛工作。

机构组成见附图 5-1。

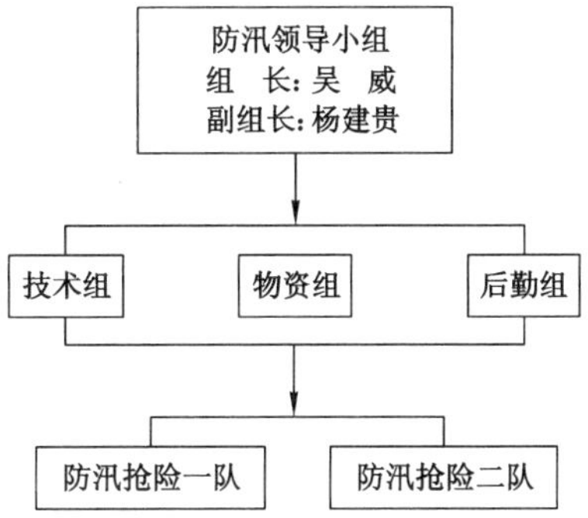

附图 5-1　防汛抢险组织机构图

（二）工作流程

当发生流域性洪水或天气预报本地有大雨，工程现场可能发生险情时，防汛抢险领导小组成员必须立即赶赴现场，按分工职责要求立即实施相关工作。基本工作流程见附图 5-2 和附图 5-3。

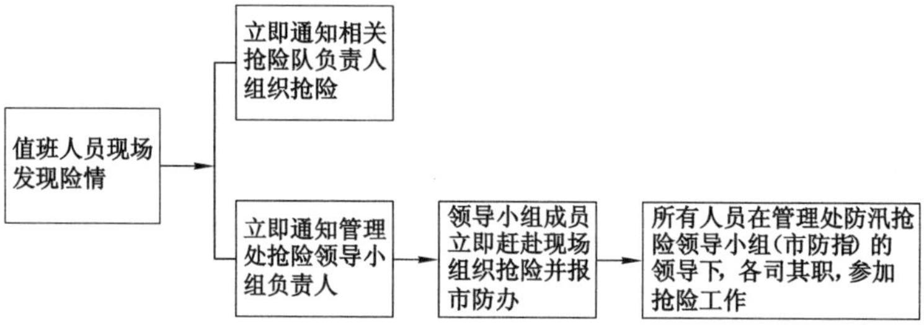

附图 5-2　管理处防汛工作流程

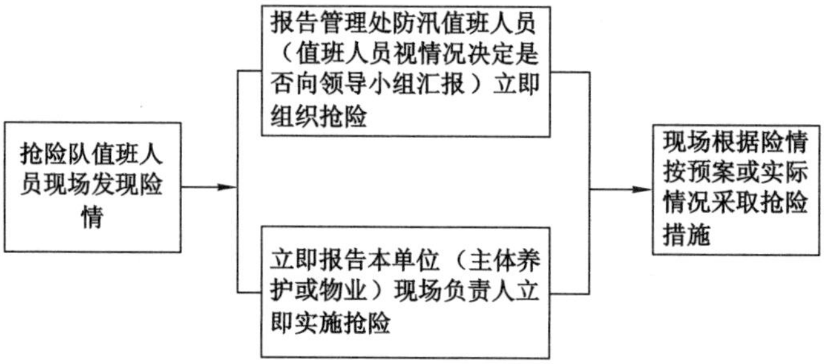

附图 5-3　抢险队人员工作流程

（三）工作职责

（1）管理处防汛抢险队是在管理处防汛抢险领导小组领导下，由河口闸维修养护项目部和物业服务管理项目部组成各司其职、各负其责又相互协作的防汛抢险突击队伍。防汛抢险队所有人员必须认真学习有关防汛抢险知识，保证在发生险情时，能拉得出、打得响。

（2）管理处防汛抢险领导小组主要职责是领导全体人员实施抢险，组织拟订防汛抢险方案；调度、指挥全体人员完成防汛抢险任务；保证人力、物力、财力的有效供给；服从上级指挥。

五、汛期常规工作要求

（一）预测预报

为做好汛期相关信息的预测预报工作，管理处工管科安排专人负责于每周一将本周内的天气信息提供给管理处防汛领导小组领导，并在一楼电子显示屏上及时公布当日天气情况。预测报告主要内容包括：

(1) 密切注意天气预报，预测短期内本地区，特别是秦淮河流域降雨情况；时刻注意秦淮河、长江及周边地区水情，特别是水位、流量。

(2) 及时掌握三汊河河口闸上下游水位、武定门闸开闸情况下泄流量，各相关水情、工情应做到了如指掌。

（二）通讯联络

汛期保证与各相关部门通讯可靠畅通。控制室、值班室及各工作面保持电话联系，防汛抢险领导小组人员（含本处所有干部职工）和抢险队人员在汛期保证手机24小时开机，与值班人员及相关单位保证可靠通讯。

（三）汛期值班

1. 一般要求

落实值班、巡视、维修及其他操作人员责任，确保“防汛工作，人人有责”。汛期管理处实行24小时值班制度，做好防汛调度指令及时上传下达和各种水情、雨情、工况等原始资料的收集传输工作。巡视人员每天巡视管辖范围内各工程有无异常情况和潜在问题，巡视后，认真记录并及时汇报。维修人员做到发现故障，立即排除，确保工程各部位处于良好运行状态。闸门启闭操作人员严格执行操作规程，确保指令按时、准确地执行。

2. 值班时间

每年5月1日至9月30日，全天24小时安排人员值班，分两班。其中，白班为9:00—17:30，夜班为当日17:30至次日9:00。

3. 值班要求

值班人员必须在三楼控制室或各自办公室值班，负责外来电话接听处置等工作。值班期间不得脱岗。具体值班要求详见管理处下发的相关制度要求。

4. 值班人员安排

(1) 常规值班

由于管理处人员较少，为切实做好汛期值班工作，实行管理处和养护项目部技术人员混合排班模式，其中管理处的同志负责工作日和非工作日的白天值班，养护项目部技术人员负责夜间值班工作，管理处防汛领导小组成员轮流带班。

(2) 暴雨与高水位值班（夜间）

① 暴雨及以上，夜班实行两人值班（其中一人必须是管理处正式员工），管理处防汛领导小组成员带班。

② 闸区水位高程为 8.50～10.00 m（吴淞高程，下同）时，每个夜班实行 2 人值班，处防汛领导小组成员带班。

③ 闸区水位高程为 10.00 m 以上，或防汛工作需要时，管理处和养护项目部全体人员待命，由管理处统筹安排值班。

(3) 特殊情况值班安排

① 已经进入汛期，长江水位未达到开闸工况暂未开闸，但是长江水位变幅大、变化快，或预报有暴雨，很有可能在一两日内开闸，在此期间，管理处安排工管科男同志与闸主体养护项目部技术人员一起值班，全处各相关人员做好随时开闸的准备，管理处领导带班。

② 在汛期，长江水位未达到关闸工况闸门处于开闸状态，但是长江水位变幅大、变化快，很有可能在一两日内关闸来确保外秦淮河水位，在此期间，管理处安排工管科男同志与闸主体养护项目部技术人员一起值班，全处各相关人员做好随时关闸的准备，管理处领导带班。

注意：以上水位以市水务局网站公布的下关水文站每日高潮水位为准。

5. 其他规定

(1) 闸主体养护项目部、物业管理项目部必须按要求做好防汛值班、防汛抢险、防汛巡查等防汛工作，确保汛期接抢险通知后半小时内各抢险队员

(每队 4～6 人)到达现场,并能立即投入抢险工作。

(2) 在汛期,闸主体养护项目部、物业管理项目部项目经理必须在岗,如有特殊情况,需办理请假手续方可离开(需处主要负责人同意)。项目经理离开时,项目部技术负责人(项目副经理)必须在养护现场。

(3) 汛期管理处人员如果必须离开南京市,必须提前三天(紧急情况除外)逐级申请(直至处主要负责人),会批准并同步办理书面手续后方可离开。管理处领导外出按市局相关规定执行。

(四) 物资供应及储备

1. 自备防汛物资

管理处应本着应急、适用的原则,在汛前必须储备部分应急防汛物资,以保证发生常规险情时能及时供给。主要包括应急用的设备备件、袋装土、编织袋、土工布、水泵、铁丝、救生圈等,物资储存地点为本处防汛仓库,由办公室负责物资管理。

2. 其他物资

三汊河河口闸工程位于主城区,又属外秦淮河风光带的重要组成部分,管理区域面积狭小,现场无法储存大宗防汛物资,因此,作为局直属单位,在市水务局的统一领导下,与市防汛机动抢险队签订块石、木桩、编织袋等大宗防汛物资供应协议(特殊情况下请求市水务局统一调配),发生险情时,我处电话通知市防汛机动抢险队及时调运物资至出险地点,并根据需要派员支持我处防汛抢险工作。

防汛机动抢险队物资仓库位于南京市雨花区西善桥顾家庄 1 号,距离河口闸约 25.00 km,物资调运路线为:仓库→西善桥→凤台南路→梦都大街→滨江大道→郑和南路→河口闸,调运运输时间约需 40 min,采用市防汛机动抢险队自备汽车运输。

若防汛抢险还需其他物资,则请市水务局统一调配。

(五) 汛前检查

汛前检查的内容包括:闸门、启闭机械、电气设备等状况是否良好;混凝土和钢筋混凝土有无裂缝、碳化、剥落等现象；土石方工程有无裂缝、滑坡、渗漏等现象；备用电源、配电线路等是否完好；闸身是否有异常；闸门自动监控系统运行是否正常；常用水泵和备用水泵能否正常使用等。

（六）预案的完善与学习

加强汛期工作人员岗位责任制的执行检查力度，每年汛前做好南京市三汊河河口闸工程防汛预案、南京市三汊河河口闸工程防台风预案、反事故预案等完善工作，并组织学习防汛相关技术知识和规章制度，做到人人熟悉并掌握防汛抢险工作程序，提高防汛抢险工作的能力。

（七）日常机电设备检查

（1）汛期每天检查一次运行中的机电设备，并将检查情况做详细记录。如发现设备存在故障疑点，应立即向处领导汇报，同时积极排除故障疑点，直至消除。

（2）熟悉和正确掌握微机监控系统、视频系统的各项操作，懂得系统故障和停电情况下的应对措施，及时消除故障，恢复运行。

（八）堤防巡查

1. 巡查范围

两岸堤防巡查范围为上游的下关大桥至下游的拦船设施之间（具体为现场土地确权范围）。

2. 巡查要求

（1）堤防巡查时，迎水坡重点检查有无塌陷，背水坡重点检查有无散浸、管涌、流沙等现象，发现问题及时汇报处理。

（2）上述巡查范围内的其他部位的巡查标准及要求按不低于管理处制定的《南京市三汊河河口闸工程技术管理实施细则（2019 年修订版）》中关于工程检查的规定要求执行。

（3）水位在超长江警戒水位 8.70 m 时，纳入市防指或区防指统一防汛安排。

3. 工作督查

工管科及主体工程养护项目部需根据水位及人员情况排好各自部门的人员巡查值班表，各巡查人员是值班时段巡查的直接和第一责任人，须严格按照巡查频次要求做好值班期间的巡查及记录工作。工管科长负责本科人员及主体工程养护项目部巡查工作的检查和督查，项目经理负责本项目部巡查工作的检查。管理处领导不定期抽查。

4. 巡查频次

闸区高潮水位高程为 9.00～10.00 m 时，6 小时巡查 1 次。

5. 巡查时间及人员安排

闸区水位高程为 9.00 m 以上时，实行 24 小时巡查制度。日间工管科与闸主体养护项目部人员一同检查，2 人 1 组；晚间按防汛值班规定统一排班，1 人 1 组。

（九）自动排水泵房的管理工作

院区自动排水泵房由物业服务管理项目部每日安排系统设备的检查和操作等管理工作。

六、防御洪水的措施

为防御洪涝灾害的侵袭，确保本工程安全运用，特制定以下几个方面的措施：

(1) 汛前对工程各部位进行检查观测，及时排查存在问题，认真分析问题成因，采取必要措施，排除全部隐患，确保工程安全运用。

(2) 加强水工建筑物监测。按照《江苏省水闸及抽水站观测工作细则》相关要求进行观测，并根据现场情况适时进行必要的观测，以及时掌握水闸运行工况。

(3) 汛前加强对堤防隐患的检查消除工作，确保不将隐患留到汛期。

七、闸门启闭故障应对措施

三汊河河口闸闸门操作严格按操作规程执行，当出现故障或特殊情况时，采取相应的措施：

(1) 当一路网电停止供电时，立即启动另一路网电供电。若还不能正常供电，则立即启动柴油发电机供电，并联系供电部门立即抢修线路。

(2) 当大闸门在启闭过程中发生振动，应立即关闭大闸门，避开振动区域，查明原因后继续启闭。

(3) 当启闭机发生故障后，做好锁定防护措施后立即组织抢修，迅速排除故障，保证机械正常运行。

(4) 当电气设备发生故障，立即抢修或更换电气设备。

(5) 闸门启闭一般采用自动监控系统。若上位机出现故障，则采用 PLC 启闭，抢修上位机。

八、堤防险情应对措施

在外秦淮河高水位时，坚持对堤防昼夜巡视，若发现异常现象，立即向市水务局报告，请求人员及物资支援，现场同时组织人员按照下列措施处理。

(1) 当堤防出现裂缝时，先查明裂缝的宽度、长度、深度和走向等，再制定处理方案，一般采取开挖回填、充填灌浆等办法进行处理。

(2) 当堤防发生渗漏时，采取临水坡截渗和背水坡反滤导渗方法，即迎水面抛填渗水系数小的黏性土防渗，背水坡采用明沟导渗和石料压渗台加固。

(3) 当堤防发生滑坡时，采用压重固脚措施，即先将滑坡体顶部陡坎削成缓坡，在背水坡滑动体的坡脚处分别填以砂砾碎石，然后采用抛石压脚的方法阻滑。

(4) 当堤顶上水时，应立即使用袋装土封闭挡浪墙缺口。

九、配电房、办公楼地下室险情应对措施

管理处配电房、办公楼地下室在汛期遇暴雨时，逆止阀开启工作，主要是利用自建泵房自排，因此要随时做好配电房、办公楼地下室抢险防淹工

作。主要工作安排如下。

（一）任务分工及人员安排

(1) 管理处：负责值班及抢险指挥调度工作，安排人员24小时值班，所有人员白天必须在岗并不得请事假，如遇（或预报）强降雨，夜间必须有管理处领导或工管科科长带班。

(2) 主体工程养护项目部：负责配电房的排涝防淹工作，安排人员24小时值班，如遇（或预报）降雨，必须有项目经理或副经理带班，所有人员随时待命准备抢险。

(3) 物业服务管理项目部：负责地下室及水质房的排涝防淹工作，并负责院区排水泵站的操作管理，随时准备加泵排涝；安排人员24小时值班，如遇（或预报）降雨，必须有项目经理或副经理带班，所有人员随时待命准备抢险。

（二）工作要求

(1) 管理处在汛期安排专人负责收听省气象台的气象预报，并将当天气象信息在一楼大屏幕上显示。预测有暴雨时，预报员应将信息报告防汛领导小组成员，由防汛领导小组安排本处人员及两名养护单位人员加强值班，并予以检查督促。

(2) 暴雨（或预测有暴雨）期间，主体工程养护项目部及物业服务管理项目部必须随时掌握雨情和水情，至少每半小时巡查一遍责任部位的水情，雨大时应专人值守。

(3) 预测有暴雨时，各养护单位必须事先检查一遍自动水泵（包括排水泵站）的运行工况，将备用水泵放置在抢险部位，并接通电源和水管，保证随时具备开机抽水条件。

(4) 各养护单位抢险期间应在管理处统一指挥下进行，并应根据雨情提前通知工作人员准备到场抢险。

(5) 若遇特大暴雨，必要时应先保障配电房的安全，再保障地下室安全。

(6) 经采取措施仍无法抵御配电房及地下室受淹时，各养护单位在请示管理处领导后，必须及时切断配电房及地下室电源，防止危及电网或内部供电安全事故发生。

(7) 各养护单位应提前转移易受淹部位能转移的物资(含地下仓库、水质房)。

十、配电房被淹后的应对措施

当降雨量过大,经采取一切措施后仍无法保证配电房安全时,在切断电源后,应采取以下措施保证尽快排水和闸门启闭,并尽快确定设备维修更换方案。

(一) 排水措施

当配电房受淹,现场电源无法使用后,应及时通知市防汛抢险机动大队带柴油机泵到现场排除配电房及院区积水,尽快清理配电房,为恢复配电房正常功能创造条件。

(二) 护镜门启闭措施

在护镜门尚未开启、配电房已受淹的情况下,需要开启大闸门时,应立即准备一台功率在 100 kW 以上的 400 V 发电机组到现场准备抢开闸门,具体步骤如下:

(1) 将配电房 411 柜通往启闭机房的 4 条动力电缆分开,拖出电缆沟(远离水体),或在电缆沟较高处切断通往 4 座启闭机房动力电缆(型号:KVV3×50+1×25)(KVV 铜芯聚氯乙烯绝缘和护套控制电缆)。

(2) 另购置 KVV3×50+1×25 电缆 200.00 m 用于接线。

(3) 立即与市防指协调调运一台功率 100 kW 以上的 400 V 柴油发电机组(用于闸门应急启闭和单位临时用电)。

(4) 将通往 4 座启闭机房的动力电缆按照相序分别接在柴油发电机组出线端子上。

(5) 检查 1# 和 2# 动力柜、变频器柜、PLC 柜,将 1#、2# 启闭机房 PLC 柜运行模式打到现地运行模式。

(6) 做好柴油发电机发电前相关准备工作,待柴油发电机组运行平稳后,准备启闭闸门(此情况下闸门分孔开启)。

（三）设备的维修更换

配电房被淹后，管理处在组织现场抢险的同时，应立即清理清点受损设备和元器件清单，联系设备原生产厂家、设计单位一起制定设备维修更换方案，方案确定后尽快采购设备，尽快恢复工程。

十一、养护单位防汛工作

（1）各养护单位必须建立自己的防汛组织机构，编制各自责任范围的防汛预案，并于每年 3 月底前将上述材料报管理处。

（2）参与管理处组织的防汛知识培训及演练，熟悉管理处及本单位的防汛预案，按要求做好各项防汛准备工作。

（3）加强防汛值班，尤其做好高水位期间及台风暴雨期间的值班和防汛抢险工作。

十二、其他应急处理措施

（1）当闸门开启时，遇门体、构筑物、堤防发生险情时，应及时组织人员按管理处工程反事故预案的相关规定进行处理，同时向管理处领导和市水务局报告。

（2）遇有人身、设备事故，当班人员或负责人可以立即采取措施处理，并立即向管理处领导汇报，由管理处领导报告市水务局。

（3）事故紧急抢修结束后，应及时向市局汇报。

附件六　南京市三汊河河口闸管理处安全生产事故隐患排查治理制度

第一章　总　　则

第一条　为强化安全生产事故隐患排查治理工作，有效防止和减少事故发生，建立管理处安全生产事故隐患排查长效机制，依据国家安全生产监督管理总局令第16号《安全生产事故隐患排查治理暂行规定》和《江苏省生产经营单位安全生产事故隐患排查治理工作规范》等文件规定，结合管理处实际，制定本管理制度。

第二条　本制度所称安全生产事故隐患（以下简称事故隐患），是指各科室违反安全生产法律、法规、规章以及标准、规程和安全生产管理制度的规定，或者因其他因素在管理运行活动中，存在可能导致事故发生的物的危险状态、人的不安全行为和管理上的缺陷。

第三条　事故隐患分为一般事故隐患和重大事故隐患。

一般事故隐患，是指危害和整改难度较小，发现后能够立即整改排除的隐患。

重大事故隐患是指危害和整改难度较大，可能致使严重后果，并经过一定时间整改治理方能排除的隐患，或者因外部因素影响致使单位自身难以排除的隐患。重大事故隐患具体是指可能造成3人以上死亡，或者10人以上重伤，或者1 000万元以上直接经济损失的事故隐患。

第四条　本制度适用于管理处所属范围内所有与工程管理相关的场

所、环境、人员、设施设备和活动的隐患排查与治理。

第二章　职　　责

第五条　管理处主要负责人负责组织全处安全生产检查，对重大安全隐患组织落实整改，保证检查、整改项目的安全投入。管理处分管负责人协助主要负责人履行安全生产管理职责，其他负责人对各自分管业务范围内的安全生产负领导责任。

第六条　各科室组织定期或不定期的安全检查，及时落实整改安全隐患，使设备、设施和生产秩序处于可控状态。

第七条　各科室做好管辖的生产设施、设备检查维护等工作，使其经常保持完好和正常运行，发现事故隐患要及时上报。

第八条　管理处兼职安全人员对检查发现的事故隐患提出整改意见并及时报告安全生产负责人，督促落实整改。做好日常的检查工作。

第三章　隐患排查的组织方式

第九条　事故隐患排查应与安全生产检查相结合，与环境因素识别、危险源识别相结合。

第十条　安全检查分经常性（日常）检查、定期检查、节假日检查、特别（专项）检查。

第十一条　安全生产检查组织：安全生产领导小组负责全管理处的安全生产及隐患排查治理工作，对排查出的隐患提出整改意见并监督整改及效果验证。

第四章　经常性（日常）检查

第十二条　检查目的：发现生产现场各种隐患，包括运行管理、施工作业、机械电气、消防设备等，以及现场人员有无违章指挥、违章作业和违反劳动纪律，对于重大隐患现象责令立即停止作业，并采取相应的安全保护措施。

第十三条　检查内容：

（一）工程运行或相关施工前安全措施落实情况。

（二）工程运行或相关施工中的安全情况，特别是检查管理处用火管理情况。

（三）各种安全制度和安全注意事项执行情况，如安全操作规程、岗位责任制、用火和消防制度和劳动纪律等。

（四）设备装置开启，停工安全措施落实情况和工程项目施工执行情况。

（五）安全设备、消防器材及防护用具的配备和使用情况。

（六）检查安全教育和安全活动的工作情况。

（七）生产装置、施工现场、作业场所的卫生和生产设备、仪器用具的管理维护及保养情况。

（八）职工思想情绪和劳逸结合的情况。

（九）根据季节特点制定的防雷、防火、防台、防汛、防暑降温等安全防护措施的落实情况。

（十）检修施工中防高空坠落及施工人员的安全护具穿戴情况。

第十四条　检查要求：

（一）发现“三违”现象，立即下达整改通知；对于重大隐患，首先责令停运、停工，立即告知相关科室负责人，整改后方可恢复正常生产。

（二）现场检查发现的问题要有记录。

（三）对于重大隐患下达隐患整改指令书。

第十五条　检查周期：结合工程巡视检查，每月检查一次。

第五章　定期检查

第十六条　检查目的：及时发现运行现场、施工作业、机械电气、消防设备事故隐患，防止重大事故发生。

第十七条　检查内容：

（一）电气设备安全检查内容：绝缘板、应急灯、防小动物挡板、绝缘手套、绝缘胶鞋、绝缘棒、生产现场电气设备接地线、电气开关等。

（二）机械设备专业检查内容：转动部位润滑及安全防护罩情况，操作平台安全防护栏、设备地脚螺丝、设备刹车、设备腐蚀、设备密封部件等。

（三）消防安全检查内容：灭火器、消火栓、消防安全警示标志、应急灯、消防火灾自动探测报警系统、劳保用品穿戴、岗位操作规程的执行等情况。

第十八条　检查要求：电气、机械设备、消防安全检查由相关负责人和设备操作人员配合。

第十九条　检查周期：电气、机械设备、消防安全检查每季度进行一次。

第六章　节假日检查

第二十条　检查目的：通过对管理处各级管理人员、生产现场事故隐患、安全生产基础工作全面大检查，发现问题进行整改，落实岗位安全责任制，全面提升管理处安全管理水平。

第二十一条　检查内容：查思想、查纪律、查制度、查领导、查隐患。

第二十二条　检查要求：管理处主要负责人带头，各科室、各养护项目部负责人参加，对单位安全生产管理工作的各个方面以及全过程进行综合性安全大检查。要求进行较为详细的安全检查记录，包括文字资料、图片资料形成，安全档案存档。对检查发现的每一项事故隐患，都要责成各个科室进行整改落实，由兼职安全员跟进，直至完成整改任务。对于重大隐患，经管理处安全生产领导小组研究决定，报市水务局部门备案。

第二十三条　检查周期：每年元旦、春节、五一、十一重大节假日前，各检查一次。

第七章　特别（专项）安全检查

第二十四条　检查目的：及时发现由于夏季台风、暴雨、雷电、高温，冬季低温、寒风、雨雪等季节性天气因素对工程、设备、人员造成的危害，以便制定防范措施，以避免、减少事故损失。

第二十五条　检查内容。

（一）夏季检查内容：

(1) 每年夏季来临前,检查工程防汛防台相关工作是否已经落实到位;

(2) 电气设备情况;

(3) 机械设备的润滑情况;

(4) 消防设施(防汛设施)情况;

(5) 夏季劳动保护用品的准备工作。

(6) 雷雨季节前检查防雷设施安全可靠程度,包括防雷设施导线牢固程度及腐蚀情况,电阻值、防雷系统可保护范围。

(二) 冬季检查内容:

(1) 每年冬季来临前,检查工程及设备防冻措施;

(2) 电气设备及电气线路情况;

(3) 机械设备润滑情况;

(4) 冬季劳动保护用品及防寒保暖的准备工作;

第二十六条　检查要求:由安全生产领导小组组长或副组长主持,各科室负责人、兼职安全员及设备技术人员参加。做好安全检查详细记录,包括文字资料、图片资料。对于检查发现的事故隐患,编制检查报告书,报单位主要负责人,制定整改方案,落实整改措施。

第二十七条　检查周期:每年夏季及冬季来临前,各检查一次。

第八章　事故隐患的管理

第二十八条　对排查出的各类事故隐患要及时上报并登记。

第二十九条　对一般事故隐患,由隐患所在科室立即组织整改。对重大事故隐患、整改难度较大且必需一定数量的资金投入的隐患,应编制隐患整改方案,经安全生产领导小组审核批准后组织实施。

第三十条　在事故隐患未整改前,应当采取相应的安全防范措施,防止事故发生。事故隐患排除前或者排除过程中无法保证安全的,应当从危险区域内撤出作业人员,并疏散可能危及的其他人员,设置警戒标志。

第三十一条　对排查出的重大事故隐患,要立即向管理处安全生产领导小组报告,组织技术人员和专家或委托具有相应资质的安全评价机构进行评估，确定事故隐患的类别和具体等级，并提出整改建议和措施。

第三十二条　对评估确定为重大事故隐患的，应及时上报市局相关部门。

第三十三条　重大事故隐患所在科室应及时组织编制重大事故隐患治理方案，并上报管理处安全生产领导小组。方案应包括以下内容：

(1) 隐患概况；

(2) 治理的目标和任务；

(3) 采取的方法和措施；

(4) 经费和物资的落实；

(5) 负责治理的机构和人员；

(6) 治理的时限和要求；

(7) 安全措施和应急预案。

第三十四条　严格按照重大事故隐患治理方案，认真组织实施，并在治理期限内完成。

第三十五条　事故隐患治理结束后，组织技术人员和专家或委托具备相应资质的安全生产评价机构对重大事故隐患治理情况进行评估，出具评估报告。

第三十六条　每月月底，各科室将安全隐患排查治理情况上报，管理处安全生产领导小组应及时审核。

第三十七条　各科室定期将本科室事故隐患排查治理的报表、台账、会议记录等资料分门别类进行整理归档。

第十二章　附　　则

第三十八条　本制度由管理处安全生产领导小组负责解释。

第三十九条　本制度自 2018 年 1 月 1 日起执行。